CEO给年轻人的人生经营课系列

梦想，永不放弃

马云
写给迷茫不安的年轻人

朱甫◎编写

海天出版社（中国·深圳）

图书在版编目 (CIP) 数据

梦想，永不放弃：马云写给迷茫不安的年轻人 / 朱
甫编写.—深圳： 海天出版社, 2016.4（2018.3重印）
（CEO给年轻人的人生经营课系列）
ISBN 978-7-5507-1491-5

Ⅰ.①梦… Ⅱ.①朱… Ⅲ.①成功心理—通俗读物
Ⅳ.①B848.4-49

中国版本图书馆CIP数据核字(2015)第257012号

梦想，永不放弃： 马云写给迷茫不安的年轻人
MENGXIANG, YONGBU FANGQI: MAYUN XIEGEI MIMANG BUAN DE NIANQINGREN

出 品 人	聂雄前
责任编辑	邱玉鑫　张绪华
责任技编	梁立新
封面设计	元明·设计

出版发行	海天出版社
地　　址	深圳市彩田南路海天大厦(518033)
网　　址	www.htph.com.cn
订购电话	0755-83460397(批发)　0755-83460239(邮购)
设计制作	蒙丹广告0755-82027867
印　　刷	深圳市希望印务有限公司
开　　本	787mm×1092mm　1/16
印　　张	14.75
字　　数	170千
版　　次	2016年4月第1版
印　　次	2018年3月第2次
定　　价	39.00元

今天的马云已经是一位光芒四射的企业家和当之无愧的"创业教父",也是创业者们追逐的目标,效仿的楷模。

马云没有帅气的容貌,也没有过人的"才智",三次落榜的经历让他产生了很多感慨,可就是这样的一个人却成了中国最大的电子商务帝国——阿里巴巴的缔造者。这不仅是阿里巴巴的一个神话,马云创业成功也成了一个美丽的传说。传奇的创业征程,再加上张狂、幽默、富有煽动性和亲和力的个性,马云鼓动着一代的年轻人去奋斗,他不仅是全球瞩目的阿里巴巴网站的灵魂人物,更是中国众多年轻人的偶像。

虽然马云早期历经坎坷,但他从不言弃,追求无止境。在他的词典中,从来没有放弃这个词。在还没有成功之前,马云所做的事情,不被人们所理解,马云被看作是"不务正业""疯狂"的人。但在马云的坚持下,他终于做成了自己想做的事情,而他做的事情被大众所接受时,马云成为互联网企业的先知者,深受世人推崇。

马云并没有膨胀,他的逻辑是:帮助中小企业成功,自己才能算成功。一路走来,马云不断创造社会财富,实现自己的梦想,同时也不断实现他人的梦想。马云严格遵循自己的原则创办企业,他虽然做事乖张,不按常理出牌,但他从不逾矩,守着做生意的底线。马云始终不忘的,是一直坚持的价值观。

在时代的巨变中,很多企业家迅速崛起,又迅速陨落,马云虽然一路起起伏伏,但始终站在时代的浪尖上。时间是最好的试金石,那些骂过马云是疯子的人,现在也不得不承认马云是个天才。不过,马云可从不认为自己是天才,他认为自己的成绩不过是源于自己的坚持,对梦想的坚持。

马云的成功让很多普普通通的人看到了成功的希望，他们重拾自己当年的梦想，因为马云说过："如果马云能够成功，那么80％的人都能成功。"

作为当今中国当之无愧的"创业教父"，马云独特的管理风格总是被人们拿来琢磨和学习。马云成功的原因，被无数年轻人当作话题来探讨，很多年轻人觉得马云身上有挖掘不尽的思想宝藏，每个人都想通过对马云的研究，吸取一点有助于自己成功的营养。

马云的思想和行为总是与常人有异，他打破常规的逆反思维往往给年轻人带来深思，出人意料的"马云语录"更是发人深省。在中国的企业家中，马云被看作是一个具有独特精神和风范的代表人物。

本书结合马云的传奇经历，深刻剖析了他在每一个关键时刻和人生的岔路口是如何选择和把握的，更重要的是首次写了他对年轻人的人生之路的悉心指点。相信你认真阅读此书，吸收马云的智慧，可以秒杀人生路上的各种迷茫，成就一个更好的自己，成为一个离成功最近的人！

◎目录

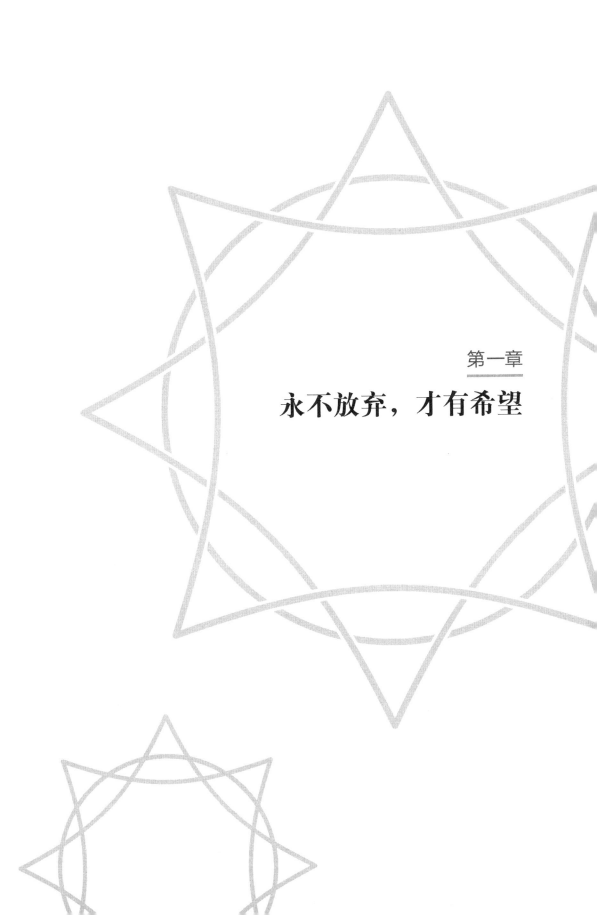

第一章

永不放弃，才有希望

● 梦想，永不放弃 ●

马云写给迷茫不安的年轻人

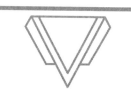

坚持，永不放弃

从初中到高中，我其他各科成绩都很平庸，唯有英语，它真的成为我的闪光点，我几乎包揽了大小英语考试的年级第一名。但这个唯一的闪光点无法遮掩我严重偏科的事实，第一次高考，我的英语成绩是全年级第一，然而数学却是倒数第一。

高考落榜后，我决定出去打工，和表弟去一家宾馆应聘保安。结果表弟被录用了，我却因个头矮被淘汰。那时，我的心几乎被各种打击敲碎了。父亲见我意志越来越消沉，悄悄找了个关系，让我蹬三轮车替《山海经》《东海》《江南》三家杂志社送书。沉重的体力劳动加上每月 30.5 元的工资让我渐渐忘掉高考落榜带来的痛，我甚至开始认为，这也许就是适合自己的生活方式。但父亲却像是一把铁锹，开始刻意铲凿我高考落榜的痛处，他对我说你每天踩 20 多公里路来来回回都不累，为什么就不能再走一遍高考的路呢？父亲的话让我下了决心：第二次参加高考！

我看过《人生》这本书，对高加林印象深刻，他高考失败，然后还想再考，就是这种向上、不放弃的精神影响了我。

我报了高考复读班，天天骑着自行车，两点一线，在家和补习班之间往返。然而金榜题名的美好结局依然没有出现，这一次，我的数学只考了 19 分，总分与本科录取线相差 140 分。

我自己执拗地决定走第三遍高考的路！那时候我教同学外语，同学教我数学。教我数学的同学，他爸爸是数学特级教师，他哥哥是数学博士，他数学很好。高考之前的一个礼拜，我的数学老师是这么说的，那时候他是杭州第十五中学的数学老师，他说我要是考得上的话他的名字倒过来写。

1984 年 7 月，第三次从高考考场走出来的我，数学考了 79 分，但总分依然比本科录取线少 5 分。但是由于当年杭州师范学院本科没招满，我终于跌跌撞撞读上了本科，还被调配进入英语专业，捡了个天大的便宜。

进入大学，所学专业正是我的闪光点，这让我如鱼得水。因为我英文基础比较好，到了大学以后我专业成绩挺不错。

专业成绩十分优秀，我的自信心一下子膨胀起来，便开始积极参加校内外各种社团活动，随后不仅成为学校学生会主席，还登上了杭州市学联主席的位置。

我自己觉得，虽然算算不过人家，说说不过人家，但是我大学过得很成功。

毕业后，我因为英语的优势，被聘为杭州电子工业学院（现已更名为杭州电子科技大学）的英语教师，并凭着独到的教学方法当选为 1995 年杭州市十大杰出青年教师。

大学毕业的时候全校 500 名毕业生就我一个被分到了大学教书，其他统统被分到中学教书，我记得在我们校门口，当时的校长黄书孟跟我讲了一句话："马云，你到那个学校 5 年以内不许给我出来。"

他的想法是：你要是出来的话，我们的毕业生以后谁也分不到大学里了,所以你得给我树一个榜样。我说:"好,5 年以内我不出来。"那时候觉得好像就是一个承诺。

这个承诺让我在这个学校里教了 6 年半的书。这 6 年半里有过好多机会:深圳开发,海南开发,每一次你觉得要走了,一想那个承诺,你就静下来了。

我觉得承诺很重要,今天我跟我同事也讲"I promise you, do it. 我保证,一定做",跟我的投资者一样,我既然答应了就一定要做到,除非我不答应。很多人认为创业就是为了赚钱,可是我创建阿里巴巴却不仅仅是为了赚钱,而是为了让自己以后有更多的经验教给学生。在大学教书的过程中我得到了很多东西,我爱教书。但是我想到中国经济的高速发展,在 20 年以后,我马云是否还能继续站在讲台上教书? 因为大学生要学习的不光是书本上的知识,还有社会实践。不论我创业成功与否,将来我再回到讲台的时候,至少我会比大学里其他老师多一些经验。

坚持相信的事情

1994 年我已经准备要离开学校了,因为我觉得自己已经快 30 岁了,我要去做一家公司,不管做什么公司,只要有一个行业我一定跳下去。那时我第一次听说网络,不过没有见过。那一年我 29 岁。

1995 年,杭州到阜阳正在修高速公路。美国有一个投资者,他跟杭州市政府、杭州市交通局谈判了一年,但是钱没有到位。双方认为谈判中翻译有问题,于是就请我做翻译。我的专业是英文,对国外的情况比较了解，所以双方都相信我，请我在中间做协调。

中方请我做协调翻译。我看到几千名民工在杭州挖那条路，干了一年多，快过年了，但是工钱还没有给。通过协调，那个老外说香港董事会不同意，那么我就到香港。那次去香港，发现根本就不是那么回事，回来后那个人又跟我讲是美国董事会不同意，于是我就申请去了美国。

他带着我去拉斯维加斯玩，中间发生了很多事情。他以前也带过一些政府官员去玩，一般是玩上 3 天就回来了，但是我的目的是要去搞清到底发生了什么事。当时的情况特别逗，我在拉斯维加斯用 25 美分在老虎机上赢了 600 美元。

美国那边是个国际大骗子。他说给我 10 万美金年薪跟他合伙干，让我一起去骗中方的企业，我打死也不肯干。后来我被他软禁在他所住的小区里面。

他把我关在房间里，也不管我，最后我觉得不行了，就找了个理由。我对他说：如果你希望我回去跟你合作的话，光靠做这个不行，我们应该投资一些其他的事。我就跟他讲有这么个网络，他也听不懂，但是他说真要是那样的话你可以去看看。

我在西雅图第一次与 Internet（因特网）的亲密接触，是在一家做 IPS（入侵防御系统）的公司，具体叫什么已经想不起来了，只记得很简陋，两间小得不能再小的办公室里，猫着 5 个对着屏幕不停敲键盘的年轻人。当时我连电脑都不敢碰，要等别人说"不要紧，你就用吧"，我才敢用。那时候的浏览器是 Mosaic，美国最大的搜索引擎是 Webclou，那时候 Yahoo 还是非常小的。

我在键盘上敲了"beer"，呼的一下，屏幕上弹出了德国啤酒、美国啤酒、日本啤酒……一排排的"beer"，就是没有中国啤酒。接着我又试了"Chinese"，但是 Yahoo 竟然出来个"No Data"，再查整个 Internet，还真是没有关于"Chinese"的 Data。中国是占世界人口 1/4 的大国，一跺脚地球抖三抖的大国啊，在因特网上竟然没有 Chinese，这让我很惊奇，也很难受。

回去后，我在朋友的帮助下，把我在杭州的海博翻译社做成一个特别简陋的网页放上去。

我记得是早上 9 点 30 分做好的，到了 12 点 30 分我就出去了，晚上回来之后就收到了 5 个人的回信。

5 封电子邮件里都说，我刚刚做的这个网页是他们所能搜索到的唯一一个在互联网上的中国公司网页，他们有事情要与我合作。所以，当时我就在想，这个东西可能会有戏。

当时有问报价的，我也很高兴。尽管我不懂网络，但我感觉这东西将来肯定有戏，反正也选定这个产业了。我就跟那人讲：我们合作，你在美国负责技术，我在国内去推广。

虽然我是一个完全不懂电脑的人，但是那时候我感觉到互联网可能会影响世界。

我请了 24 位朋友来到我家，想听听他们对我进行互联网创业的看法。

当时 24 个人当中有 23 个人说这事儿激进，觉得不行。我讲了两个小时，大家都没有听清楚，我也不知道自己讲的是什么东西。讲完之后他们说这东西你不能干，你干什么都行，开酒吧也行，要么开个饭店，要么办个夜校也行，但就是不能干这个"因特耐特"。

只有一个人说你可以试试看，不行赶紧逃回来。

最大的决心并不是我对因特网有很大的信心，而是我觉得做一件事，经历就是一种成功。你去闯一闯，不行你还可以掉头；但是如果你不做，就像"晚上想想千条路，早上起来走原路"，一样的道理。

第二天一早我就去和校长说我要离开学校了。他刚从斯坦福回来，他说："你什么时候想回来就回来，我一定同意。"我当时说："我现在不会回来，如果要回来的话也是 10 年以后的事儿了。"

当初扔掉铁饭碗，去做不被人理解和看重的因特网，如果失败对自己意味着什么，那是不言自明的。

因为我知道，我看见了这个东西，我太想做一样东西。很多年轻人是晚上想想千条路，早上起来走原路。中国人的创业，关键不是因为你有出色的想法、理想、梦想，而是你是不是愿意为此付出一切代价，全力以赴地去做，证明它是对的。

今天很多人说马云眼光很独到，真是非常聪明，眼光看得这么远。那是假话。当年反正出来了，如果当时有人让我开饭店，我也就去了。这个绝对不是特别伟大的想法，只是偶然碰上。

没有坚信不疑的事情，那你是不会走下去的。你开始坚信了，就会越做越有意思。创业者要记住，未必懂你所做的，但是你深信这个东西给别人带来的价值。因为我看到过因特网，我觉得因特网将来会好，但是这些人没有看见过，你要把它变成现实，这是我的建议。如果你坚信，如果你觉得有机会那就向前走。

年轻的创业者要切记，算得再好，不如现在就卷起袖子来开始做。我在学校里接触的都是书本上的知识，很想在实践中辨明是非真假。所以我打算花 10 年工夫创办一家公司，再回学校教书，把全面的东西传授给我的学生。

要相信自己做的事情，就一定可以成功。

很多年轻的朋友对我说：马云你真有远见，1995 年就看到今天电子商务的前景，1999 年阿里巴巴就成立。我告诉大家，我当时没有看到，只是反正闲着也是闲着，弄个事情看看对不对。

如果说当时我就知道电子商务能够发展成今天的规模，那我肯定是在吹牛。但是，我相信它会发展，而且我一直坚持着。

我做阿里巴巴一路都是被骂过来，都说这个东西不可能。不过没关系，我不怕骂，在中国反正别人也骂不过我，我也不在乎别人怎么骂，因为我永远坚信这句话：你说的都是对的，别人都认同你了，那还轮得到你吗？你一定要坚信自己在做什么。

我想告诉大家，创业、做企业其实很简单，一个强烈的欲望就是，我想做什么事情，我想改变什么事情，想清楚之后，你就永远坚持这一点。

2003 年以前我们就坚信能赚钱，只不过 2002 年我们证明我们能赚钱，如果我们不相信自己能赚钱，投资者就不会给我们钱，但是投资者的耐心是有限的。

无论是因特网的"冬天"也好，泡沫期也好，我们都始终坚定地一路走来。

我坚信因特网会有未来。美国和日本的电子商务近两年增长放缓，但中国的电子商务发展越来越迅猛。

失败了不要气馁

我 1995 年创办（中国）黄页，然后又开始创业做阿里巴巴，我觉得自己反正已经倒霉了，这个不成，那个也不成，反正再做 10 年倒霉也无所谓了，毅力很重要。

永远不要跟别人比幸运，我从来没想过我比别人幸运。我也许比他们更有毅力，在最困难的时候，他们熬不住了，我可以多熬一秒钟、两秒钟。

第一要相信你能存活，第二要相信你有存活的坚强毅力。阿里巴巴跟任何中小企业一样，在 1999 年、2000 年、2001 年我们也面临发不出工资的困境，我们没有收入，我们要活下去，即使所有人都倒下来了，我们半跪着也要坚持，坚持到底就是胜利，让自己做最后倒下的人。

每次打击，只要你扛过来了，就会变得更加坚强。通常期望越高，结果失望越大，所以我总是想明天肯定会倒霉，一定会有更倒霉的事情发生，那么明天真的有打击来了，我就不会害怕了。你除了重重地打击我，又能怎样？来吧，我都扛得住。抗击打能力强了，真正的信心也就有了。

创业者要有毅力，没有毅力做不好。以我自己的经验，每次创业的时候，都有一个美好设想的过程，但是往往你走到那儿它不一定美好，所以你要告诉自己，走在路上每天碰上的事情特别多。

伟大的人和普通人之间的区别是什么？一个伟大的人，对每个人来讲最痛苦的时候，大家都要死的时候，他再往前挺一步，人家倒下去，他还站在那儿。大部分人说我这么富，这么有钱了，转弯了；只有这个人说我还往前挺一步，往前挺一步的那个人就是伟大的人。

放弃是最大的失败

我给大家讲一个故事，上次在美国看到的一部很有意思的纪录片，也是一个真实的故事。

穆罕默德·阿里是当年的拳王，打遍美国南部无对手，相当厉害，他成为美国南部冠军，也成为黑人冠军。美国北部有一个白人叫 Joe Carmen（音），也打遍北部无对手。两个人决定打一场大仗，在美国拳坛上代表世界大战，代表南方和北方，代表白人和黑人。第一场拳仗白人赢了，第二场阿里赢了，两场都是侥幸。第三场世纪大战，决定在菲律宾马尼拉打。前面八个回合打得都认为自己要死了。到第九回合的时候，阿里说打死也不打了，Joe 说我也不打了，谁都不肯上去，最后在劝说下两人再打了一下。这一回合下来之后，阿里说我输了，那个 Joe 说我死也不上去了，就算赢也不上去了。在关键时刻，阿里跟教练说把白毛巾扔出去，我们投降吧。阿里教练刚要扔白毛巾的时候，那个 Joe Carmen 的教练先一秒钟把白毛巾扔到外面。这场阿里取胜。

我想告诉大家，我们今天面临的问题很多，但是我们的对手也比我们好不了多少。咬牙切齿地多熬一秒钟，多完善一个程序，多做好一点点服务，多服务好一个客户，我们赢就赢在 0.01 秒。希望大家记住，我们会有这一天的。

我在那些黑暗日子里学到的一课就是必须保持团队的价值、创新和视野。只要你不放弃，就仍然拥有一线机会。

人最重要的是不放弃，放弃才是最大的失败。放弃是很容易的，但从挫折中站起来是要花很大力气的。结束，一份声明就可以，但要把公司救起来，从小做大，要花多少代价。英雄在失败中体现，真正的将军在撤退中出现。

傻坚持肯定要强于不坚持。坚持下来的人都获得了财富；而心思活络的聪明人有时候不容易成功，坚持不下去是一个最大的原因。

我们很多人都很聪明，我相信很多人比我们聪明，很多人比我们努力。为什么我们成功了，我们拥有了财富，而别人没有？一个重要的原因是我们坚持下来了。别人都不看好因特网，你说当时做搜索引擎的人多少？当时做电子商务的多少？当时做 B2B 的多少？为什么人家没有了？

我们招来的人也没有猎头公司找他们，他们也不知道去哪儿就业，所以这些人没有地方去，也就待在公司里面了，结果稀里糊涂地一看怎么我们变得这么好了，所以有的时候傻坚持要比不坚持好很多。这些都是实话，我们 300 多个同事，他们都频频点头说有道理。那个时候有谁愿意加入阿里巴巴呢？街上会走路的都招过来了，只要不是很差，都招过来了，但是聪明的人都离开了。2001 年、2002 年，自认为聪明，想法非常好、概念很强、特别聪明的人，而且能力也很强，他们认为这个电子商务不靠谱，过一两个月走掉了。你要有理想，没有理想很痛苦。如果早上说一大堆道理，第二天不干了，那要理想干什么？有理想还要坚持。

012

学习失败更重要

永远记住每次成功都可能导致你的失败，每次失败好好接受教训，也许就会走向成功。

我想去学习别人失败的经验比学习别人成功的经验更为宝贵。成功真的是很难很难的，成功是一个过程，不是一个结果。

我觉得实力是失败堆积起来的，一点点的失败是个人的实力、企业的实力。如果我年纪大了，我希望跟我孙子吹牛的话是：你爷爷做成这么大的事情，一点儿都不牛。孙子说，刚好是因特网大潮来了，有人给你投资。当你讲当年有这个事情出来，犯了很严重的错误，他会很崇拜地看着你说："真的？这个我倒不一定吃得消。"一个人最后的成功是有太多惨痛的经历。

阿里巴巴最大的财富不是我们取得了什么成绩，而是我们经历了这么多失败，犯了这么多错误，我说阿里巴巴一定要写一本书，书里是阿里巴巴曾经犯的错误。这些错误。你听了会笑着说，那时候我也犯过。但是有一天如果有重要项目就不要派常胜将军上去，要派失败过的人上去。失败过的人，会把握每一次机会。你不要看我今天很风光，我前面犯了很多错误，今后也会犯很多错误的，所以看任何人都是这样。我记得 IBM（国际商业机器公司）最早创始的时候，道理是一样的，善待犯错误的人是对的，但是绝不容许那些野狗式破坏团队、欺诈、破坏公司利益的人，这些人绝对不能容忍。

我认为，等你什么时候能看别人惨败的经验，看得一身冷汗，你就离成功不远了。如今反映成功的例子和书越来越多，我倒是希望哪个出版社出本《营销史上最傻 × 的 100 个错误》，肯定卖得好！

我不是否定成功学，任何东西都要有度。成功学大师讲课给我的感觉就是，两招使过以后，别人就觉得有点虚。真是这么回事，我们公司员工也有人去听过成功学课程，听一两次可以，听四次五次，这人就被废了。

第二章

每天面对的是困难和失败

梦想，永不放弃

马云写给迷茫不安的年轻人

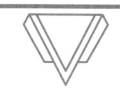

没有梦想，不会成功

我经常讲，我们的员工要有梦想。普通员工的梦想是什么，最现实就是我要买房，我要买车，我要娶老婆，明年生孩子，我们家还想再添两个电视机，这是最美好的梦想，这是最现实的梦想，我们要欢迎这样的员工。每个人进来一定要有梦想，一定要有想法的，没有想法怎么行？

作为一个创业者，首先要给自己一个梦想。在 1995 年我偶然有一次机会到了美国，然后我看见了、发现了因特网。我不是一个技术人才，我对技术几乎不懂，到目前为止，我对电脑的认识还是停留在收发邮件和浏览页面上。我今天早上还在说，到现在为止我还搞不清楚该怎么样在电脑上用 U 盘。但是这并不重要，重要的是你到底梦想干吗。我的梦想是建立自己的电子商务公司。

刚开始做 Internet，能不能成功我也没信心。只是，我觉得做一件事无论失败与成功，总要试一试，闯一闯，不行你还可以掉头；但是你如果不做，总走老路子，就永远不可能有新的发展。

我看重的是，在我的一生中，我能够做些事，影响许多人，影响中国的发展。当我成就理想时，我认为自己是放松的、幸福的，有了一个好的结果。

在长城上我跟我的同事们想创办全世界最伟大的中国人的公司，我们希望全世界只要是商人一定要用我们的网络，当时这个想法，很多人认为是疯了，这5年里很多人认为我是疯子。不管别人怎么说，也从来没有改变过一个中国人想创办全世界最伟大的公司的梦想。

今天（2010年）阿里巴巴集团拥有了近2万名员工，可能是整个互联网公司员工最多的，整个集团拥有现金储备是全中国互联网公司最多的。今天我们拥有的B2B的用户达到5000万，淘宝用户近2亿，支付宝用户3亿多。我们拥有无数的年轻人，无数的用户。假如我们仍旧把自己定位成为一家简简单单的只会挣钱的、每天就这样工作的一个公司，我觉得我们公司的意义不是太大。

因为今天阿里巴巴缺的不是"赚钱"，我还是这么觉得，我前两天看到一个电视连续剧说的，"我们缺的不是赚钱，我们缺的是有意义地赚钱，对社会有意义的事情"。所以这是我们对未来10年的看法。

克服困难才能成功

1995年5月9日，http：//www.chinapages.com，中国第一家商业网站中国黄页上线。

当时我从美国买了一台486电脑，那时全中国的互联网还没有联通，就只是开通了我们那个网站，我们是5月开始挂上互联网的，直到两个月之后我们才开始有了竞争。做得最早的是中科院的"中国之窗"，是中科院高能物理研究所的。

中国黄页前期的投入，是我自己拿出了六七千元，又从妹夫、妹妹那儿借来一些，东拼西凑了 2 万元，然后再将家具差不多都卖光了，攒齐了必需的 10 万元本钱。我和我太太只租 1 间房间当办公室，只用 1 台电脑，靠 1 元 1 元数着花，用付完房租剩下的 5000 元，创办了中国黄页。

当时互联网没有接入中国，我们无法当场演示给客户看，因此经常被客户骂成骗子。给企业做网站，别人都上不了网，那时候大家都根本不知道网站是怎么一回事儿。那时候真可以说是惨不忍睹啊，就跟骗子似的。

我后来觉得应该是兔子先吃窝边草，最初是给朋友做，他们知道我这么多年的信用还是不错的，然后就同意做了，最初做的是杭州第二电子机械厂，然后是钱江律师事务所，最后是望湖宾馆——杭州的一个四星级宾馆。

企业将资料给我们，我将资料翻译好并用快件寄到美国，然后请美国那边那个做技术的人为企业做网页。当时 1 张照片加 3000 文字，我们一次收费是 2 万元，美国那边做好之后，打印好，之后再用快件传到国内给我们。

以望湖宾馆为例，我们将望湖宾馆的资料传到美国，然后做好homepage（网页），然后再将 homepage 挂到网上，最后将打印的网页寄回国内给望湖宾馆的老板看，但是望湖宾馆的老板不信。我们就跟他说：这是美国的电话，你可以叫你的朋友打电话，看看有没有这么一回事儿，有这么一回事儿你就付费。

创业的过程是痛苦的，你要不断地克服一个又一个的困难，从而获得更大的成功。当你死的时候，你会觉得很快乐：这一生，我奋斗过了，我得到了快乐。从创业的第一天起，任何一个创业者都要有这个心理准备：每天要思考自己未来的 10 年、20 年要面对什么。要记住，你碰到的倒霉的事情，在这几十年遇到的困难中，只不过是很小的一部分。

胸怀被冤枉撑大

我常说，男人的胸怀是被冤枉撑大的，领导人不要怕被冤枉。你不懂，没关系，你尊重懂的人，十个有才华的人中九个是古怪的，总认为自己是最好的，你要去包容他们。男人的胸怀是被冤枉撑大的，越撑越大，人家气死，你却不生气。

今天我唯一可能拥有的长处，就是我比大家容纳得多一点。像周总理每天日理万机，他不可能每天跟人解释，只能干，用胸怀跟人解释。每个人的胸怀是被冤枉撑大的。

我发现有些男人特别逗，为了一点点小事坐在那边生闷气。我说发生什么事了，他说给我听，我说哎呀就这点事，所以他冤枉受得不够多，所以有眼光没有胸怀是会死得很惨的。《三国演义》里那个周瑜就这样，眼光很好，心胸狭窄，结果给气死了，其实不是被诸葛亮气死的，是被他自己气死的。还有实力，你一次一次地失败，一次次地被打倒，再起来再打倒，再起来再打倒，这时候你才会有实力。打架最怕的是什么，不是他出拳准出拳狠，是你打在他身上他一点反应也没有，"咣咣咣"三拳，他说你还有没有了，这下你是彻底滑下了。这叫实力。所以一个领导者要是眼光比人好，胸怀比人大，实力坚强的时候，可以和任何人合作。

委屈再大莫过《天龙八部》中的乔峰，冤枉再大莫过《笑傲江湖》中的令狐冲。

网络即江湖，要笑傲其间，必须有眼光、有胸怀，只有这样，才可能在种种传言和误解面前，依然豪气满怀，仰天长笑。真正的傲，建立在有实力、有魄力的基础上，只有这样，才可能在人云亦云的时候保持清醒的头脑，才可在骂声中依然坚持自己的方向，傲视同侪。

胸怀这个字眼里边就是使命感。因为有使命感，你就有这种胸怀，让别人去说，自己知道自己在做什么，而且我一定要把它做出来，比如我胸怀超大，希望改变人类；我希望影响别人，帮助别人，有这种使命感。这样，你往前走的时候，就如网上有句话——很傻很天真。别人看他很傻很天真，但是他比谁都意志坚强。从这里你可以看得到，胸怀就是他根本不在乎别人是怎么评价他的，谁冤枉他他都无所谓。为什么这称得上是胸怀呢？是因为他有强烈的意志要活下去，"我想改变别人，我想完善这个社会"，这就是领导者的气质。

激情：最优秀的特点

创业者最优秀的特点就是激情。但是短暂的激情是没有用的，长久的激情才是有用的。

做一件事情，你可以失败；考试，你可以没有考好；你可以失去一个项目，丢掉一个客户。但你不能失去做人的追求。失败了再来，失败了再来，失败了再来，那才叫激情。

干任何事情都必须有激情，没有激情什么事情也干不好。阿里巴巴的"六脉神剑"里有一条就是激情。有句话"心有多大，舞台就有多大"说的就是这个。

一个人的激情没有用，很多人的激情非常有用。如果你自己很有激情，但是你的团队没有激情，那一点用都没有，怎么让你的团队跟你一样充满激情面对未来面对挑战，是极其关键的事情。所以，我希望你们的激情能保持 3 年，保持一辈子。

年轻的团队容易产生激情，但更容易因挫折而失去激情。短暂的激情只能带来浮躁和不切实际的期望，它不能形成巨大的能量；而永恒持久的激情会形成互动、对撞，产生更强的激情氛围，从而造就一个团结向上、充满活力与希望的团队。

一个最优秀的公司是怎么样的？这帮人加班到晚上十一二点疲惫不堪，然后回家，第二天早上又笑眯眯来上班，这样才是激情，不断地起来不断地做。我们要的就是这种激情，而激情是可以传递的。

阿里巴巴是一批有激情、有理想的年轻人聚在一起，想创建一家伟大的公司。

我们一定能成功。就算阿里巴巴失败了，只要这帮人在，想做什么一定能成功！

被骗子所骗的磨难

真正的磨难是很难承受的。1996 年，我们曾被 4 个公司骗得差点死过去。艰难会迫使你一直走下去，顺利会使人忘乎所以。当过老师的人，从商有一点好处，就是我从来不骗人。因为我没有必要去骗我的学生，学生也没骗我。学生骗我最多是为了多一分两分就能及格了，或者从良好变成优秀了，所以大家很坦诚地交流。因此我从学校里出来以后创办企业，还是带着这样的性格。刚刚出来的时候，我有四五次被人骗了，就特别沮丧：人怎么这样？大家都好好地做生意，大家都是朋友，怎么背后会捅你一刀？

但到现在我觉得我还是坚持一点：别人可以骗你，你千万不能骗别人！现在证明是对的！骗了我的 4 家公司现在全关门了，而我还活得好好的！

经过这么多事情以后，大概应该在 15 分钟到 20 分钟以内，我们基本上可以判断得出对方是不是想骗我们。就像打太极拳一样，手一碰你就已经知道对方是不是高手。如果对方手硬邦邦的，你就知道这个人没耍滑头。一碰你就发现像放在棉花糖上的时候，问题就来了。

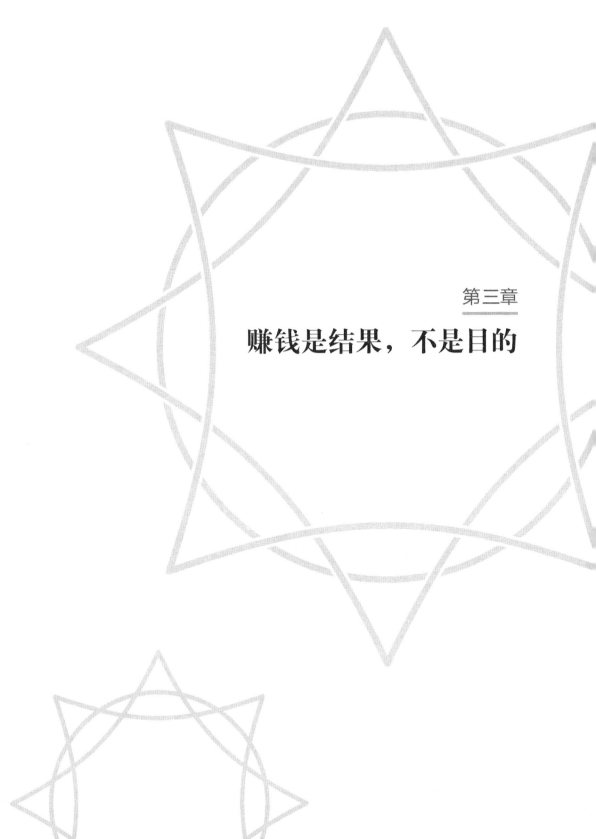

第三章

赚钱是结果，不是目的

● 梦想，永不放弃 ●

马云写给迷茫不安的年轻人

赚钱并非第一位

我自己创办过好多公司，第一家公司是 1992 年成立的，叫作海博翻译社。因为我学英文，很多人叫我做英文翻译，但是我没有那么多时间。我的老师、我的同学英文很好，他们都没有利用英文好的优势，因此，我想如果有人找我做翻译的话，我可以找他们做。

我想成立一个翻译社，而自己像中介一样。那时候没有把赚钱放在第一位，总觉得做这件事情挺好的。然后我觉得这个翻译社是有前景的，可以成为杭州市最大也是浙江省最大的翻译社。

于是我跟我的同事一起筹集了 3000 元人民币。后来我们租了一个房子，一个月的房租是 1500 元。我们的注册资本是 3000 元。即便如此，我们还是满怀信心地做这个行业。但是第一个月的营业额大概 600 元不到，房租就要 1500 元，还不包括工资。第一个月亏得一塌糊涂，但是我还是坚信能够做下去。我想告诉大家也许我们原计划是可以赢利的，但是现实有的时候不是这样的。

后来我们发现卖鲜花、卖礼品可以赚钱，所以我就跟我的搭档坐火车去进货。我们把我们的房间一分为二。后来我们发现卖礼品可以卖三四千元，但是翻译社就只能挣四五百元，然后我的同事讲我们开礼品店，也许我们将来就可以成为一家礼品公司。我们问了自己一个问题，当时成立这个翻译社是为了挣钱还是为了解决市场需求和那些老师的问题。我个人认为是解决老师的问题和市场上的需求。可赚钱的项目很多很多，礼品未必是最好赚钱的，我们开礼品店的目的是为了养活翻译社。我们之间产生了很大的分歧，我的同事就认为反正创业只要赚钱就行了。很多的时候就存在这样的问题。

我做海博翻译社亏损了3年，3年之后才开始赚钱的。就像后来阿里巴巴网站一样，头3年我就没有想过赚钱。

我还要给大家讲一下不懂财务所犯的错误。没有好的制度，这是公司的灾难。当时办海博翻译社的时候，我们请了一个女孩子帮我们收钱，因为她做过出纳有经验，结果每次我们总觉得今天的营业额有200元钱，怎么到最后的时候只有100元钱。我很小的一个店，员工四五个人，我们很容易犯的错误就是抓大不抓小，没有想到四五个人的翻译社也需要制度，包括今天进账多少、出账多少。我们没有做这些东西，直到有一年的9月10日，也是我的生日，我们非常的忙，我估计一天的营业额1100元钱，后来算了算只有400多元钱，然后我们查了账，发现这个女孩子每天从那里面拿一两百元钱。谁的错？而且长达三四个月我们都不知道，这是我们的错。因为没有制度就会变成不好的，所以这也是另外一个经验，小公司也需要制度，也需要体系。

现在我根本就不管海博翻译社，一年一次也不去。海博翻译社不是我所想的，我1995年出来的时候的想法就是创办一家上市公司。

为赚钱而赚钱会输

出来创业的时候我就觉得一个人消耗的钱其实并不会很多，但是选择不一样，有的人是为了缓解生活压力，为了赚更多的钱。我出来就是为了获得更多的经验和经历，后来开始慢慢上升到我想影响别人，帮助更多的人。然后再回过头看，还挣了不少钱，那是一种结果，所以我认为赚钱不是目的，赚钱不是任何企业的目的，赚钱是任何企业的结果，赚钱也是每个人想的成功。你第一天创业的时候是为了改善自己的生活，为了赚钱，你脑子里想的是钱，这个眼睛是人民币，那个眼睛是港币，讲话全是美元，这样的人是不会成功的，别人不愿意跟你做生意。而我是希望帮助别人，希望能够完善这个组织机构，这样别人是会跟你合作的。

如果说公司要以赚钱为目标，那就麻烦了。我们说为赚钱而赚钱那一定会输。

我一直的理念就是真正想赚钱的人必须把钱看轻，如果你脑子里老是钱的话，一定不可能赚钱的。

我一直认为不管做任何事，脑子里不能有功利心。一个人脑子里想的是钱的时候，眼睛里全是人民币、港币、美元，全部从嘴巴里喷出来，人家一看就不愿意跟你合作了。

经济利益我往往很少考虑，对阿里巴巴有一件事情是永远围绕着我们的：我们想创办一个中国人创办的全世界最好的公司。我做的任何收购兼并我首先看看是不是围绕这个目标，围绕这个目标行的情况下我再考虑经济利益。

我们不想做商人，我们只想做一个企业，做一个企业家，因为在我看来，生意人、商人和企业家是有区别的。生意人以钱为本，一切为了赚钱；商人有所为，有所不为；企业家是影响社会，创造财富，为社会创造价值。

赚钱是一个结果，不是目的。很多生意人就是把赚钱作为目的，怎么做也做不大。

你赚的钱能持续赚钱，能持续创造价值、影响社会、领导整个电子商务互联网，这是我觉得最难的事情，我要挑战的是这些。很多人都懂得怎么赚钱，世界上会赚钱的人很多，但世界上能够影响别人、完善社会的人并不多，如果要做一个伟大的公司，你就要做这些事儿。

企业家不能被钱引着走，企业家是被责任、团队带着走，钱是围绕优秀的企业家走的。

2003 年以前我们就坚信能赚钱，只不过 2002 年我们证明我们能赚钱。如果我们不相信自己能赚钱，投资者就不会给我们钱，但是投资者的耐心是有限的，他等了 3 年以后说，你得证明给我看你能赚钱，我 2002 年就证明给他看，我们赚钱了。2003 年我们说一天现金收入 100 万，2004 年我们说一天的现金利润 100 万，2005 年我们说一天能纳税 100 万，这些我们都做到了，但这是一个结果，它不是我们的目标。目标说我们今年影响了多少企业，让多少企业赚了钱,让多少企业拥有了更多的机会，这些事情才是一个企业要做的。如果我是商人，当然在乎的是钱，生意人更在乎的是钱。

阿里巴巴的初衷是，帮助更多的人赚到钱——这才是阿里巴巴为社会所创造的真正价值。

阿里巴巴不是一家普通的公司，纯粹为了挣钱，我们根本没必要搞什么组织部、价值观、文化、考核，那就简单了。我们以前看过多少公司，真的是一客车的人拉到街上，一路"扫街"，有钱留下，没有钱赶紧滚蛋，我们见过太多这样的企业。阿里巴巴不是一家简简单单的公司，因为时代、因为中国、因为我们犯了这么多错误，因为我们付出这么多代价，我们不想仅仅是一家公司。

从公司层面来讲，阿里巴巴不可能成为全世界最赚钱的公司，没有"最"。刚成立的时候，我们把股份给员工、给投资者，有人就跟我说你这样是永远做不了比尔·盖茨的了。谁想当比尔·盖茨了？我们可能永远比不上盖茨那么有钱，但是我们可以超过微软操作系统对人类的贡献，我们可以让更多的人富起来，让更多的人因为我们发生变化，这个是我们与别人很大的区别。

如果不让别人富起来，阿里巴巴会是一个虚幻的东西。我想证明给全世界看的一点是，中国会出现一家由中国人创建的、充满激情和梦想的、世界级的大公司。

每一分钱都很珍惜

刚刚创业的时候，我们几乎不打出租车。有一次我们必须打车，一辆桑塔纳过来，所有人都转过头去了，一看夏利过来，马上招手。因为桑塔纳比夏利每公里贵一块多钱。我们今天所花的钱都是投资者的钱，如果有一天花自己的钱的时候，可以大胆地花，所以这两年，我们因小气而感到骄傲。

我们创业的时候钱很少，所以每一分钱都很珍惜，可以用"抠门"来形容。一直到第一笔融资的 500 万美元到位之后，我们还是保持着这个传统。那时候我们每个人只有 500 块钱的工资，但是我们真的非常开心。这样的传统一直保持在阿里巴巴的每一个阶段，一直到现在。

以前我们没钱时，每花一分钱我们都认认真真考虑。现在我们有钱了还是像没钱时一样花钱，因为今天花的钱是风险资本的钱，我们必须对他们负责。我知道花别人的钱要比花自己的钱更加谨慎，所以我们要一点一滴地把事情做好，这是最重要的。

很多企业刚开张，人还没几个，就在一个高档写字楼租下了一个很大的办公室。这样，新招的员工看到这架子就会觉得，这家公司肯定不错，好好在这里发展，会出人头地的。

这就让新员工对公司有过高的心理期望值。其实，刚办的企业要发展，本身肯定有许多的困难，而新来的人却是冲着你的"好"、你的"规模"来的，对面临的困难总是估计不足。于是，久而久之，这家公司的人会变得越来越少，最后撑不下去。

"栽在不够专注上"

人的一辈子很多经历都是为一件事、两件事在努力，如果你能够专注于此，应该会做得不错。

当你的力量还很渺小的时候，你必须非常专注，靠你的大脑生存，而不是你的力气。

创业之初的小企业更应该抓准一个点做深、做透，这样才能积累所有的资源。即便是大公司，走多元化的发展道路也不乏失败的案例，而一家小公司如果到处去做试验，只会更快地耗尽资源。

很多创业者都栽在不够专注上，这是因为他们自己没有想清楚"做什么"这个最初始的命题。今天在这儿打一口井，明天在那儿打一口井，最后哪儿也没挖出水，地面上只是留下了许多坑而已。

首先，你要想好自己到底想要干什么，然后才能摆脱各种诱惑，照着这个思路一路走下去。其次，你要知道哪些事情该做，哪些事情不该做，选择具有长远空间的业务去发展。

看见 10 只兔子，你到底抓哪一只？有些人一会儿抓这只兔子，一会儿抓那只兔子，最后可能一只也抓不住。CEO（首席执行官）的主要任务不是寻找机会,而是对机会说 No。机会太多,只能抓一个。我只能抓一只兔子，抓多了，什么都会丢掉。

少做就是多做，不要贪多，做精、做透很重要。有所不为才能有所为，"专注"可以让创业者将所有的资源都凝聚在一个点上。

在长城上，我们发誓这辈子一定要做一家中国人创办的全世界最好的公司。我们把钱、把名等等一切都搁在一边，只专注做这一件事。我们专注做中国的电子商务，我们要把中国的电子商务做成全世界一流的。

我们坚持专注。我们专注电子商务，前 10 年我们专注电子商务，后 10 年还是专注电子商务；我们前 10 年专注中小企业，未来 10 年还是专注中小企业。因为只有专注中小企业，专注电子商务，才能让我们长久，因为中小企业需要我们，因为中国电子商务和全球电子商务需要我们。

盲目模仿是错误

中国互联网缺少独立精神是天生的。阿里巴巴的独到之处就是不会跟着美国人走，也和中国纯粹本土的想法不一样，以至于我们的独特世界观被笑称为"异类"。

在商业做法上盲目模仿大公司，这是不少创业者都容易犯的一个错误。不少出身大公司的人会在自己创业的时候，不自觉地按照大公司的做法建立一些规范制度等等。必要的规范当然是有益的，但大公司为了稳妥，一般都比较慢，大公司为这个"慢"付得起代价，但这对小公司来说将是一个灾难。新创业的公司就像是只兔子，却以为自己是头大象，用大象的心态做事，在狼面前慢慢踱步，最后就会被狼吃掉。创业，就意味着你要有创业的做事方式。

创业不仅不要盲目模仿大公司的做事方法，也切忌抄袭其商业模式。那些知名企业在成名之前是什么样的，你知道吗？他们是怎么积聚自己的能量，才有了今天的成就？简单模仿它的现实，可能是南辕北辙，这样的公司不是简单地对其模仿就能获得同样的成功的。

创新才能成功，模仿只能失败。我们的商业模式被无数人模仿，但是没有人能够成功，阿里巴巴的成功就在于它拒绝模仿和抄袭美国的商业模式。

只有原创的、独创的，才能持续不断发展，模仿者永远只能是二流高手。

小型网络公司不要去做大网站做的事情。不要去模仿大网站，应该去做大网站做不了的事情，做你最喜欢做的事情，做你最能做的事情，要成为大网络公司的补充部分，千万不要去挑战大的网络公司。只要有光芒的地方就可以走过去，做最愿意做、最想做、最容易做的公司，这样你就会有信心。做最难做的事情，三天两头失败，就会没有信心。

我觉得中国有很多的机会，但是千万不要去拷贝国外的模式，也不要以国外有没有这样新颖的模式来判断我们在中国经营的好坏，别人没有的，你有了未必是坏事。把美国的模式搬到中国来，不一定能行。

不拷贝国外的模式

阿里巴巴最早其实是个 BBS，我们把每个人想买或者想卖的东西放在网上。我们大家都知道 BBS 是一个倡导自由的地方，但我当时跟我们的技术人员讲，贴在我们 BBS 上的每一条信息都必须先要检查并进行分类，技术人员觉得这违背了互联网精神，因为互联网的精神就是自由，每个人都可以任意发表自己的言论或信息。但我觉得我们必须要有创新，在我们的 BBS 上，每一个贴上去的信息都要被检查、分类。

我觉得中国有很多的机会，但是每个人千万不要去拷贝国外的模式，也不要以国外有没有这样新颖的模式来判断我们的好坏，别人没有的，你有了未必是坏事；把美国的模式搬到中国来，不一定能行。中国人喜欢贴 BBS，中国人就好这个。

人家说阿里巴巴是一个公告板，雅虎是搜索引擎，亚马逊是书店，那又怎么样？最好最成功的往往是最简单的，要把简单的东西做好也不容易。阿里巴巴要像阿甘一样简单。

我很少固执己见，一百件事里难得有一件。但是有些事，我拍了自己的脑袋，凡是觉得自己有道理的，我一定要坚持到底。

MY8848 的 B2C 这个模式，在当时来说没有很好的天时、地利与人和。MY8848 当时是三线作战，是培养中国老百姓在互联网上购物的习惯，这条战线就够打了；再者，一家刚刚起步的企业领导管理两三百名员工，又是一条很长的战线，够他打了；第三条战线就更头疼了，那就是物流配送体系，中国在这方面一直很落后，要突然建立当然很难。同时在这三条战线作战怎么得了！

但是这些在西方就很容易做到。他们对网络购物习惯的培养以及管理、信用卡制度，这都是老祖宗传下来的，简直妙不可言。

网上成功是因为我们有长期的战略、与众不同的模式、与主流不相同的运营者，就像微软的成功、格兰仕微波炉的成功，他们都创造了全新的经营方式。这种创新的方式是现有的成熟大企业不用的，即使用也不会完全地采用，而新的企业没有旧的套路，成功的概率会大很多。

现在网上有强大的信息流，无论你要买什么东西，到网上你都会查到。我们在网上建设了巨大的买方和卖方的贸易市场，这是我们的第一个模式，叫"相会在网上"。商人有个心理，买家总是要找到最好的卖家，卖家也总是想找到最好的买家。

今天电子商务有三个流：信息流、资金流、物流。

今天电子商务只能做信息流，今天企业用电子商务只能做信息流。如果有人告诉你我能帮你做信息流，而且还能做资金流还有物流，我觉得他是在说谎，现在没有一家公司能够把信息流、资金流、物流结合在一起。不是技术做不到，而是很多东西不具备，没有准备好。比如资金流，谁做得最好？银行做得最好。

阿里巴巴不做资金流。2001 年 12 月我到达沃斯参加一次会议，在会议上我看到一个客户，有一个企业家跟我说他是欧洲人。他说："阿里巴巴做得真不错，我就用阿里巴巴，我的卖家就是在阿里巴巴找的。但是你别告诉我你要做网上交易，我不会在网上交易的。我现在可以把我银行（账面上的资金）汇到任何一个账号，24 小时内一定能够收到，我为什么要在网上付钱。"我觉得很有道理，我做了一个调查，阿里巴巴的会员告诉我，愿意在网上支付的金额在 5000 美元之下。

如果把因特网比作影响人类未来生活 30 年的 3000 米长跑的话，美国今天只跑了 100 米，亚洲跑了不过 30 米，中国只跑了 5 米。你可能觉得雅虎、亚马逊它们现在跑第一，它们的模式是最好的模式，但是没准在 200 米、300 米后它们会掉下来。当年网景（Netscape）真牛，但是一轮后，它连人都找不到。网景当年想打败微软，导致了它的失败。人类第一代挖石油的人都没有发财，到了第二代才真正富有起来。当时的石油不过是铺铺马路、点点煤油灯。所以，未来的因特网、电子商务根本不是我们今天谈论的东西，就像 100 年前人们发明电的时候，打死他也不会想到今天会有空调。你无法去想象三五年后电子商务会怎样，除非是算命。中国目前只适合做电子商务第一阶段的工作，那我们就把第一阶段的工作做好。

远见：选择正确方向

1995 年我做出决定，我对自己讲这个决定可能会改变自己一辈子所从事的事业。而今天，我把大家请过来，跟大家探讨至少 5 年、10 年我们要做的事情。雅虎的上市、亚马逊的上市，这一系列公司的上市，导致我们在想：Internet 是不是已经到了顶点？雅虎是不是已经做得差不多了？我们再跟下去的话是不是太晚了？所以我们大家今天到这里来都很着急，都在想：我们这么做下去前途在哪里？到底有没有希望？玩下去会有个什么东西出来？我们有可能变成什么样？大家可能都带来了方案，我们从基础做上去以后的好处在哪里？

大部分人看好的东西，你不要去做了，已经轮不到你了。因为谁都知道是个泡沫。如果方向选错了，做得越对死得越快，所以我觉得我比较幸运，阿里巴巴选择了一个正确的方向——电子商务。互联网这个领域，方向选对了但是做错了，可能也不行。

我们做企业，常常想明天要干吗，明年要干吗，很少考虑 10 年后要干吗。很多人说阿里巴巴现在做得真不错，其实我们做得一般。如果说做得不错，是因为我们 10 年前做的决定，这 10 年来没有停止过对目标的追求。

今天的阿里巴巴是 10 年前做的，10 年后的阿里巴巴是今天做的。做企业一定要去想 10 年后市场会变成怎样，从现在开始坚定不移地努力。假如你现在还忙着今天、明天的事，那企业会越来越难做。

每个人的视野、视角要看得更宽、更远、更深、更独特，然后你才能抓住这个机会。大家都看得到的东西，凭什么你有机会？所以我觉得一个领导者，读万卷书不如行万里路。其实我周游全世界，觉得自己实在是太渺小了。

我们还以为自己很牛，在自己的办公室，在自己的同事、员工和家人面前，"哇"，觉得自己很厉害。但是再走远一点看看呢，在世界上你微不足道。我是到了伦敦的格林尼治天文台才真正明白我是多么的渺小，那个宇宙是多么的浩瀚，地球像粒灰尘，根本找不到，地球都找不到，人更别说啦。你要想到这些问题，你就有了远见。

我们远远没有成功

我从来没有认为自己是个成功的人，我们是在不断努力的学习中进取。我想如果哪一天有人承认自己是成功的，那么也就意味着这个人开始走向失败。

我没有成功，我觉得我们远远没有成功，我们还是个很小的企业。但是我觉得最大的经验就是千万不要放弃，要勇往直前，不断地创新和突破，突破自己，直到找到一个方向为止。而且我觉得还有更重要的一点，我们今天面对将来的信心是来自于我们前 5 年的残酷经验，我们坚信明天会更加残酷。

关于成功，我们有三个指标：第一，要成为世界十大公司之一；第二，要持续发展 102 年；第三，只要是商人都要用阿里巴巴。在我看来，这三个目标完成才能算成功，而目前这三个目标都还太遥远。

阿里巴巴要做 102 年的公司，诞生于 20 世纪最后一年的阿里巴巴，如果做满 102 年，那么它将横跨三个世纪，阿里巴巴必将是中国最伟大的公司之一。在 102 年之前任何一个时间失败，就是没有成功。

第四章

做事要先学做人

● 梦想，永不放弃 ●

马云写给迷茫不安的年轻人

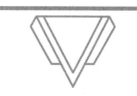

一定要讲诚信

做事情最重要的一点就是必须要讲诚信。如果你不讲诚信，你的企业不会走得太远，很多企业因为讲诚信而得到好处。

我是从大学里出来开始创业的，有4个人骗过我。那时候他们比我大多了，每次他们讲的故事非常好听，但是每一次我都会上当。今天我活下来了，骗过我、当时比我大得多的企业都关门了，而我们还存在着。骗别人的人，总有一天会倒霉。

要想做一个优秀的商人，一个优秀的企业家，你必须有一样东西，那就是诚信。诚信是个基石，最基础的东西往往是最难做的。但是谁做好了这个，谁的路就可以走得很长、很远。

人无信不立，做生意交朋友都要讲诚信。不讲信用实在是太简单了，你可以说到不做到，你可以骗商友朋友一次，仅仅是一次你就没有诚信了。人而无信，不知其可也。在你为眼前的小利要失信的时候，请你想想诚信的重要性。

商业社会其实是个很复杂的社会，但是我觉得只有一样东西，能够让自己把握，那就是诚信。因为诚信简单，所以越复杂的东西，越要讲究诚信。

诚信不是一种销售，不是一种高深空洞的理念，是实实在在的言出必行，是点点滴滴的细节。诚信不能拿来销售，不能拿来做概念。

1995 年，我们做中国黄页的时候，我发不出工资了，离发工资的时间只有 3 天，我账户上只剩 2000 多块钱，而工资要发 8000 多块钱。那时候很残酷，我们的员工说没关系，我们两个月不拿工资也跟你干下去。虽然人家说两个月不拿工资可以，但是你得出去借，用你的诚信。

因此，我觉得一个 CEO、一个创业者最重要的，也是最大的财富，就是你的诚信。如果我今天向熊晓鸽或者吴鹰借 1000 万元，他们如果有钱也会借给我，这是基于我们之间的了解。如果是不认识的人，即便就是借 1 万他们也觉得不行。所以，一个创业者一定要有一批朋友，这批朋友是你这么多年来的诚信积累起来的，越积越大，像我账户的财富，这就是每天积累下来的诚信。

100 多年前，胡庆余堂的胡雪岩就把"戒欺""诚信"注入了浙商的血脉。在新的历史时期，对阿里巴巴而言，诚信建设更是一项首要的使命。我们的网络平台，是一个活跃着数以千万计企业和个人的巨大社区。我们不仅要以诚信为会员创造价值，同时还要承担起以诚信影响社会的责任。

我觉得史玉柱能够成为中国首富，再变成中国"首负"，再回到中国首富，这很难得，我很少看见有人这样再回来。但是能再回来有一个很重要的因素，就是诚信。

我觉得他的"道"很好，他有自己的底线，诚信的底线——还款，有几个人会记得去向别人还款？其实很多人反思史玉柱今天能够回来，能够再在中国企业界里面有这样的成就，我觉得诚信是最最关键的一样东西。

生活在世上，核心就是处人，而处人的关键就是诚信。只有诚信，才有朋友；只有诚信，才能成功！

这个世界是一个信任危机的时代，谁都不相信谁。这也是一个价值、诚信底线遭到挑战的时代，谁都开始想办法，能骗一把就骗一把，能捞一票就捞一票，能做一点就做一点。在微博上面，出现了这个世界上能想到的所有的指责，我相信这里面对人类的欣赏、对善良的欣赏都远远少于对别人的指责。我们都学会了指责别人，都学会了抱怨，这是个最坏的时代，这没办法，假的、荒诞的、编造得越厉害的东西，传得越快，所以这是一个不好的时代。但我也相信，这也是一个最好的时代。

在这个时代里面，我看见了网商的力量，看见"80后""90后"的力量，人与人之间都没见过面，光我们这个市场，就可以卖出1万亿，每天凭信用成交1500万笔，这是这个时代拥有的信任的力量，以前没有的。

另外我看到信任的力量，70%的网商愿意无偿退回所有不好的产品，这也是信任的力量。我看到很多人在抱怨，但我更看到淘宝的网商们、阿里中国的网商们，在最辛苦、最努力地解决问题。

真诚待人的力量

今天我还是觉得当老师给我最重要的启示就是真诚待人，把自己懂的事告诉他们，让他们超过你。我在当老师的时候有一件特别骄傲的事，也是我今天在公司里面经常用的一个办法（定一个高的目标）。

1992年，我在带班的三四个月以后，突然告诉他们：这个班要提前参加四级统考，而当时全校四级统考的通过率只有54%。我们班28个人，28个几乎才进校半年的人就要去参加四级统考！所以我就跟他们讲：我们要参加考试，这次的考试一定要考好！而且我坚信大家考得好！所以28个人特别团结，但我知道有几个人是肯定考不过的。我对他们讲你们是一定考得过的！你们考不过谁考得过？你们不要丢我的脸，大家一起弄，团结起来！但是我们也不做考试题，就做了4张卷子，整个分析后去考。最后我们创了个奇迹——28个人！全班28个人全部通过，是100%地通过！90分以上的11个！其中有4个是根本不可能考过的，但是那次考完以后，一个是60分，一个是61分还是62分。反正这4个人就特别奇怪：同样的卷子，过了一礼拜给他们考，都考了40多分。我当时想，这是怎么回事？其实人是有潜力的，就像我高考时候考数学，我知道我根本达不到79分，但是那天进去我就想赢，我想我一定能成功的！拼尽所有的力量进去就考了79分！事实证明：你如果意志坚决，你相信自己可以的时候，你是可以做到的！

我跟学生之间是真诚的感情，后来跟同事之间也是这样一种关系，不像老总与下属的关系。

做喜欢的事情

我当年学了英语，我没有想到后来英文帮了我的大忙。所以，做任何事情只要你喜欢，只要你认为对的，就可以去做。如果你思考问题功利性很强的话，肯定会遇到麻烦的。

除了英语，我是个最差的学生。中国改革开放时我 14 岁，那时第一批外国游客到了杭州，我自愿去做免费导游来练习英语。

直到有一天，父亲发现无论他对我唠叨什么，我都用学到的英语回敬时，他很有些大喜大悟："你小子是不是在用英语骂我呢？那好，你好好学英语，学到能随心所欲地讲，那样骂人才会痛快！"实际上，父亲看到我对英语有兴趣，就骑着自行车带我到西湖边找老外聊天。我用所学的只言片语与老外们越聊越开心，越聊越过瘾，学习英语也就越来越带劲了。

小时候学英文，也是蛮辛苦的，大概有 9 年时间，我每天骑自行车到西湖边去背单词、背课文，不管刮风下雨下雪。我每天守在杭州饭店，就是现在的香格里拉饭店门口，逮到老外就跟他练口语。

在和这些外国人互动的过程中，我发现外国人的想法和我受到的教育有很大不同，让我了解到外面还有另一个完全不同的世界。在西湖边上学英文，让我从上千个老外那里了解了许多外国的故事，开阔了眼界。

我现在有很多国际上的朋友，就是当年交的。比如我有一个澳大利亚的朋友，现在我把他当义父看待，他把我当他的孩子。1979年他们一家到杭州来，那时我十五六岁，早上在香格里拉门口念英文，他们出来了，然后就跟他们认识了，跟他儿子认识了。他儿子比我小两岁。他们回去以后，我跟他们至少每个礼拜通一次信，成了笔友。

1985 年，他们全家邀请我到澳大利亚玩，到他们家里去做客。正是这个第一次到国外的机会，真正改变了我的观念。

我 1985 年第一次去澳大利亚前，我想中国是世界上最富有的国家，我们要解放全人类。但我发现澳大利亚比我们富太多，我们再过50年都未必赶得上。我强烈地感觉到，中国为什么不能富有？中国为什么不能有蔚蓝的天？中国人之间有时你猜测我，我猜测你，无论做生意还是做事都有斗争。

我们抱怨没有用，只有通过自己的努力改变中国，每个人通过自己一点一滴地学习、成长去影响别人。

20年过去了，我又去了澳大利亚，同样的城市，我感触也很深，我看到的是我去的那个城市什么都没有改变，15年、20年还是这样，而今天的杭州、今天的上海、今天的北京让我们中国人自己都感到吃惊，感到骄傲。

影响自己的人

我觉得影响我的人挺多的，在不同阶段有不同的人影响我：路遥的《人生》影响过我，金庸的《笑傲江湖》影响过我，《阿甘正传》里面简单的阿甘影响过我，《排球女将》中的小鹿纯子影响过我，还有我的父母、我的老师、我的朋友，他们都影响过我。但是，我认为在这个世界上，没有一个人能完全影响你，重要的是你能从每一个影响过你的人身上找到各种机会，然后不断学习，从而反过来影响别人。

我觉得小鹿纯子影响了我们这一代人。我看《排球女将》时正读高中准备高考，我觉得是她激励了我们这代人没有放弃高考。

在我们刚踏入社会时，小鹿纯子告诉了我们什么叫克服困难，什么叫坚持，什么叫勇往直前。

一部好的电视剧可以影响一代人，所以我要找到她，告诉她，感谢她。《排球女将》在中国有那么大的影响，但是她却从来没来过中国，我要请她到中国来一次。为此，我曾经几次访问日本，委托日本朋友帮助寻找小鹿纯子的扮演者。我告诉荒木由美子（小鹿纯子的扮演者）她在中国有上亿的影迷，有众多的影迷像阿里巴巴的年轻人一样，受到小鹿纯子拼搏精神的激励而走上成功道路。

我第一次见杨致远是在 1997 年，当时我在外经贸部，外经贸中心负责接待杨致远到中国的第一次考察。我那时候也很激动，跟很多的年轻人一样，一听说有机会跟杨致远认识，我好好地准备了一个礼拜，带着杨致远去了长城、故宫等北京的很多地方。在这个过程中，我用三四天的时间了解了杨致远这个人。

杨致远先生比我小，我们第一次在长城上遇到，感觉就挺不错。后来感觉就越来越好，有人说我们像朋友，我觉得像兄弟还差不多。

偶像就是偶像，我的偶像不多，金庸是我的偶像，杨致远是我创业时候的偶像，偶像就是说他错的东西也是对的。

其实我第一次知道雅虎是 1995 年去西雅图看见雅虎，后来听说了杨致远创业的故事。那时候我记得杨致远，Jerry Yang（杨致远的英文名）拿到博士学位，说要去创业了（书上是这么讲的，不知道是不是真的），我特佩服。当然有人跟我说，我要是能够成为雅虎的杨致远，我博士后也不念了。当时没有看到雅虎将成为这么一家伟大的公司，这是需要勇气和胆略的，我觉得真是偶像才能够这样创造。

不给客户回扣

什么人是最好的销售人员，我们觉得这个也值得跟大家分享。所有阿里巴巴的销售人员必须回杭州总部，进行为期 1 个月的学习、训练，主要学习训练的不是销售技能，而是价值观、使命感。

我跟销售人员都讲过这个道理，我说一个销售人员脑子里面想的都是钱的时候，这个眼睛是美元，那个眼睛是港币，讲话全是人民币，你连写字楼都进不去，你会发现写字楼里面很多条子写什么——谢绝销售。而且销售人员绝大部分都穿得差不多。保安马上能够给你领出去。因为你脑子里想的都是如何赚别人的钱。如果你觉得我这个产品是帮助客户成功，帮助别人成功，这个产品对别人有用，那你的自信心会很强。

阿里巴巴做了两个铁规定：第一，阿里巴巴永远不给客户回扣，谁给回扣一经查出立即开除。否则会让客户对阿里巴巴失去信任。中小企业经理的钱挣得并不容易，你再培养下边的员工拿回扣，你不是在害他吗？给客户回扣是培养其企业内部的腐败现象。第二，不许说竞争对手坏话。现在看来取得的效果不错。

当时回扣风很厉害，2001 年阿里巴巴有一次争论了一天，就是当时给企业做网站一定要给回扣，大概 2 万块钱，不给 20% 的回扣人家不跟你做生意，但是你给了回扣以后又让我违背了我的价值观和我们这些人的价值观。我们认为大家都在反腐败，如果你是小企业家或是个小企业主，你让你的手下去跟别人做生意，你给他 4 万块钱，结果你手下拿去了 3000 块钱的回扣，你心里怎么想？你会特懊恼。所以我们站在我们的客户利益上面就问要不要给回扣。给回扣我们有营业额，不给回扣我们公司一块钱赢利根本是空话。经过一天的争论，最后很高兴看到我们公司做出重要的决定：谁给客户一分钱回扣，不管他是谁请他立刻离开我们公司。

在阿里巴巴最困难的时候，我们发现"回扣"的事很暧昧：给回扣我们公司能够活下来，不给回扣则有可能倒闭。于是，我们公司在汪庄专门开了个会议，我们后来称之为阿里巴巴的"遵义会议"。当时我们做出了一个艰难的决定：从今天开始，公司永远不给任何人一点回扣，如果谁给了回扣，就请离开公司。这个决定很痛苦，我们发现伟大的决定都是痛苦的，但痛苦的决定却不一定伟大。

所以当时做这个决定很难很难。但这个决定做了以后，使得到今天为止阿里巴巴有了这样一个平台，使得我们在中小型企业里面受到很大欢迎，也就是说跟阿里巴巴做生意我们不是给客户回扣，而是把这些钱、这些精力更好地投入到拉更多的买家、做更好的服务、开发更好的产品上。

公司可以关了，但绝不允许给回扣，因为这是我们厌恶的行为。我们做互联网是要挣钱，但是要是给互联网增加了这个东西的风险，那么总有一天我们也会像以前的公司那样倒下去。我不愿意做这个事，所有今天支持回扣的人，你现在就可以选择离开我，这是我的原则。

现在，我们的合作伙伴知道跟我们阿里巴巴合作是不会给回扣的。我们宁可把这笔钱（给客户回扣的钱）用在提高服务质量上。

在公司的采购上，我们在合同上也同样写明了合作公司不准给回扣，哪怕只是一颗糖，你也得给我拿回去。如果发现哪个公司这么做了，那么我们永远不会和它合作。我们相信，我们不需要进行桌下交易，这样的（给回扣的）伙伴也不会好的。

当时做这个决定，我们为此也辞退了很多当时所谓"优秀"的销售人员。这个没有办法，但正是因为这样，你让员工训练的时候必须按照这样一个途径去走，所以我们在"抗日军政大学"最后赢利一块钱。

MBA 要过做人关

作为一个企业家，我发现 MBA（工商管理）教育体系上将进行大量的改革。3 年来，我的企业用了很多的 MBA，包括从哈佛、斯坦福等学校毕业的，还有国内很多大学毕业的，95% 都不是很好。

进 MBA 入门学什么？我觉得，全世界各地的 MBA 教了很多技能性的东西。但是，做事首先是做人，应该从做人的道理学起。

基本的礼节、专业精神、敬业精神都很糟糕，一来好像就是我来管你们了，我要当经理人了，好像把以前的企业家都要给推翻了。这是一个大问题。进商学院首先是学什么？作为一个企业家，小企业家成功靠精明，中企业家成功靠管理，大企业家成功靠做人。因此，商业教育培养 MBA，首先要过的是做人关。

MBA 毕业以前做什么？是调整期望值。这些人出来以后眼界都很高：念了 MBA，该有一些人让我管管了。我认为，MBA 学了两年以后，还要起码花半年时间去忘掉 MBA 学的东西，那才真正成功了。

2006年，我让两个非常聪明的高级管理人员到欧洲的一个MBA商学院去学习。要加入EMBA或者MBA课程，他们需要参加全国考试，一个失败了，一个不及格。他们其中一个是网上付费者的创始人，他在中国建立了行业标准，另外一个是中国最好的警察，那么他们在组织当中工作的能力都是非常强。我让商学院保留这两个学生，他们离开学校已经10年的时间了，他们怎么能够去完成这些考试呢？早都全部忘记了。在他们面试的最后，考官们很惊讶。现在他们已经上学一年了，是班上表现最好的学生，是MBA学生当中最好的，他们受到学生的欢迎，而且很受大家的认可。

阿里巴巴并不会区别对待不同学历背景的应聘者，公司不少高层也去参加了各种管理技能方面的培训，包括MBA，比如阿里巴巴原来的COO（首席运营官），现在因年龄、身体问题去做"阿里学院"教授的关明生先生，他原来就是GE（通用电气）中国区总经理；阿里巴巴分管人力资源的副总裁邓康明，此前就是微软中国的人力资源总监。只要在处事上符合阿里巴巴的价值观，能力上达到要求的应聘者，阿里巴巴一定会录用，无论是否有MBA背景。

阿里巴巴把80%的MBA开除了，要么送回去继续学习，要么到别的公司去，我告诉他们应先学会做人，什么时候你忘了书本上的东西再回来吧。如果你认为你是MBA就可以管理人，就可以说三道四，所有的MBA进入我们公司以后先从销售做起，6个月之后还能活下来，我们团队就欢迎你。我想给他们多点时间，沉得低才能跳得更远。

被开除的MBA中很大一部分已经养成眼高手低、生搬硬套的想当然习惯。这些 MBA 一进阿里巴巴就跟公司讲年薪至少 10 万元，一讲都是战略。每次听那些专家和 MBA 讲得热血沸腾，但是做的时候却不知道从哪儿做起。

第五章

永远保持创业精神

梦想，永不放弃

马云写给迷茫不安的年轻人

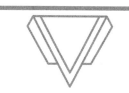

为共同理想干活

1997 年我从杭州到北京创业的时候，带去的是 8 个人。后来1999 年从北京回到杭州这 8 个人不仅一个都没有少，而且还发展壮大到了 18 个人。

当时我觉得有一点是蛮感动的，决定离开北京以后我们去了趟长城。这个镜头我到现在做梦经常都会出现。那天很冷，到了长城上面，有一个人在长城上还号啕大哭，他说："我们为什么在杭州做得蛮成功，到了北京，北京做成功以后又要丢掉？"然后在长城上面我们这 18 个人发誓说：我们回去，我们就不相信我们不能建立一个伟大的公司。所以在长城上我们说要建立一个中国人创办、全世界最好的公司，所以有的时候在最困难的时候，我们永远要回忆这个东西。

我永远相信一点，就是不要让别人为你干活。我要的是，每个人为一个共同的目标和理想去干活。

很多人问我，马云你在搞什么？我说我们正在"延安整风"，我们还要搞价值观、使命感。他说怎么那么虚。我说你们呢，赚钱、赚钱还是赚钱。但是我相信在中国的企业里面，没有共同的目标、共同的使命感、共同的价值观不行，明确你的目标以后，你必须让每一个员工，甚至门口的保安和清洁阿姨都明白你的使命感才行。驾马车方向都不一样，怎么弄……我们讲使命感、价值观和共同目标，我们的客户非常认同。我问客户，你们有目标吗？有，我们要赚100万元。你的员工知道这个目标吗？不知道。那你去问问我们任何一个员工阿里巴巴的目标是什么，每一个人都知道。

阿里巴巴的目标是助力中国中小企业发展，而只有企业发展了阿里巴巴才能更好地发展，这是一个良性循环。

众所周知，我们的理想是逐步将中小企业的销售中心、人事中心、技术中心、支付中心和财务中心整合到阿里巴巴的电子商务平台。

本着这样的商业理想，我们不断努力，锐意创新。现在的阿里巴巴B2B模式已经让数千万中小企业打破了来自时间、空间的限制，在一个简单实用的平台上找到产业链的上下游，不仅由此改变了自己的命运，也提升了整个中国中小企业阶层在国际上的声誉。

时间、空间的界限打破了，生意越来越好做了。企业有了进一步发展的需求，帮他们解决资金难题就成为我们不容忽视的重任。有了资金，企业就能扩大经营规模，满足不断增长的市场需求，带给社会新的就业机会，从而创造经济及社会双重价值。

中国还没有一个真正强大的互联网公司。中国的互联网人口基数达到两亿以后，在技术创新的情况下，中国会诞生世界级的互联网公司。我们内部提了一个目标，10年以内，希望世界上三大互联网公司中有一家是我们的。我们希望凭借自己的努力打进世界500强，还要成为世界最佳雇主。

认真生活，快乐工作

大家可以看一下我们的 LOGO 标识，我要求我们的员工是开开心心、笑眯眯的。这个很重要，如果你找一个哭丧脸的人，往往会失败的，一有麻烦他就哭丧脸了。

所以我在公司走的时候，发现这个气氛不对，应该马上感觉出来这个团队的问题是管理问题还是自己，领导和经理人一样很重要。

情商一定要高，你要能够感觉到是什么事情。但是你在走的过程中，能够闻到整个公司的气味，感觉是不是对路。

风水就是这样，你到了这个地方你就知道。如果这个团队有问题，业绩在下滑，你首先要分析出来是生意出了问题，还是别的什么问题。等你知道问题的时候，有的时候换风水，有人说这个风水不好，就把办公室的位置摆一下。其实有时候是一个气氛，当然你的办公室的设计不合理，也是不对的。

我蛮相信风水的，人家跟我讲科学，我相信风水，但是我不迷信风水，我自己觉得风水就是调节气氛。

Judge（评判）一个人、一个公司是不是优秀，不要看他是不是 Harvard（哈佛），是不是 Stanford（斯坦福）毕业的，不要 judge 里面有多少名牌大学毕业生，而要 judge 这帮人干活是不是发疯一样干，看他每天下班是不是笑眯眯回家。

我们阿里巴巴的 LOGO 是一张笑脸，我希望每一个员工都是笑脸。人有一样东西是平等的，就是一天都有 24 小时。不快乐地工作就是对自己不负责任。

让员工快乐工作是好雇主应该做的事情，总之一定要让员工"爽"。在阿里巴巴，员工可以穿旱冰鞋上班，也可以随时来我办公室。

压力是自己的，不应传染给员工。我一直和我的同事说，没有笑脸的公司其实是很痛苦的公司。我最喜欢猪八戒的幽默，他是取经团队的润滑剂，西天取经再苦再累，一笑也就过了。

认真生活，快乐工作。我讨厌特认真工作的人，工作不要太认真，工作快乐就行，因为只有快乐才能让你创新，认真只会有更多的 KPI、更多的压力、更多的埋怨、更多的抱怨，真正把自己变成机器。我们不管多伟大、多了不起、多勤奋、多痛苦，永远记住做一个实实在在、舒舒服服、快快乐乐的人，因为这样才能让我们最美。

"我们一直在创业"

阿里巴巴至今都还处于创业阶段。我们公司的气氛，员工创业的精神，人家比不上我们。

就目前的情况来说，我们并不缺钱，而我们大多数分公司的办公地点却是在居民点的单元房里。不要说是福州，就是东京、纽约，我们都有能力租当地最好的办公地点，而我们没有。为什么？我们要让所有的员工知道，你来就是要把公司做大，把分公司的办公室从小单元房搬到当地最高级的写字楼！

我们在宁波招聘员工时，有一个小姐找到当地一个很偏僻、又黑又破的居民区单元房的 5 楼时，不相信这么大名气的分公司会在这上面的 7 楼，于是又跑下楼打电话给她的男朋友，吩咐说：要是半小时后我没打电话给你的话，你就到这儿来找我。

我跟所有人讲，投资者的钱不是"要我们花"而是"我们要挣回来还"，所有人都要负责任的，别人的钱不是特别好花的，自己挣来的钱爱怎么花怎么花。别人给我们的也是血汗钱，那么好拿？尽管投资者很支持，但是我们时刻都要记住我们是在创业。

不怕员工富，就怕员工穷

对于阿里巴巴来讲，我们是互联网公司，互联网公司不仅仅是技术，最重要的是理念和思想，谁掌握互联网的理念和思想，谁就能够把握未来，在互联网当中有几个词，叫作透明、公正、分享、责任。分享是互联网企业取得成功很重要的一点，对于阿里巴巴来说，今天所谓的几千名员工成为百万富翁，这不是马云给的，这是他们自己努力的结果，是当年信任互联网的结果，他们相信电子商务能够帮助很多人，是在最困难的时候加入阿里巴巴，靠自己一点一滴做出来的。财富不是马云给的，也不是阿里巴巴给的。财富本来是社会的，本来就是他们自己努力的结果，跟我没有关系。

今天是工资，明天是资金，后天是每个人手中的股票。只有员工富裕了，阿里巴巴才能有更好的发展。我不怕员工富，就怕员工穷！

我从来不担心员工富有，我担心员工不富有。员工富有，公司才富有。我觉得我们今天拿到的钱不是员工口袋里的钱，尽管他们可以套现。我觉得今天拿到的钱是一种责任，就像 8 年以前我们拿到 500 万美元风险投资。对我来讲，这不是钱，这是一种责任。阿里巴巴融资十几亿美元，对整个集团来讲是一种责任。我们可以套现一点点，让我们的生活可以好过点。但人到一定程度的时候，思想上的富有才是最高的。我不担心他们富裕，我担心他们失去使命感、价值观。

我们有一个梦想，共同分享财富，共同去努力，结成团队的友谊，我觉得这一点是非常快乐的。

坚持下来的人获得财富

别以为留下来的人有多么的高瞻远瞩，恰恰相反，其中很多人只是不知道自己离开阿里巴巴以后，还能找到什么样的工作，于是也就这样留了下来。

傻坚持肯定要强于不坚持。坚持下来的人都获得了财富，而心思活络的聪明人有时候不容易成功，坚持不下去是一个最大的原因。

对阿里巴巴来讲，期权、钱都无法和人才相比。员工是公司最好的财富，有共同价值观和企业文化的员工是最大的财富。

现金肯定是最不保值的，套现以后还是要寻找更好的投资途径。其实，我们投资于中国的未来，投资中国未来最有前景的公司肯定是最好的途径，而阿里巴巴肯定又是其中最好的，所以我的建议是，一直持有下去，和中国的未来一起成长。

从第一天开始，我就没想过用控股的方式控制，也不想自己一个人去控制别人，这个公司需要把股权分散，这样，其他股东和员工才更有信心和干劲。

阿里巴巴从创建那天开始就是分散持股，甚至全员持股。因为我一直认为管理一家公司需要的不是股权，而是智慧。中国有太多企业因为强调控股权与控制权最终陷入利益争斗，影响到公司发展。分享，这不仅仅是管理公司的心得，同时也是阿里巴巴对电子商务的理解。阿里巴巴要做的事情首先是帮助客户赚到钱，然后才是让自己赚钱，这才是电子商务的根本，也是互联网精神的根本。

到我 60 岁的时候，和现在这帮做阿里巴巴的老家伙们站在钱塘江桥边上，听到喇叭里说，"阿里巴巴今年再度分红，股票继续往前冲，成为全球……"那时候的感觉才叫真正成功。

第六章

企业为什么而生存

● 梦想，永不放弃 ●

马云写给迷茫不安的年轻人

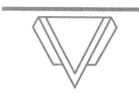

带着使命感做企业

一个企业为什么而生存？使命！这一点我很自信。我参加过很多世界性的论坛，全球大企业的 CEO 讲的就是这些东西，而中国的企业都不相信。是我们犯过的一些刻骨铭心的错误，促使我们提出价值观、使命感和共同目标。

我做企业带着一种使命感去做，我坚信电子商务会影响中国、改变社会。阿里巴巴到底往哪个方向去？有一次在纽约论坛的时候我碰到克林顿夫妇，我向克林顿问了这个问题，他说这是一个好问题。

那天早上克林顿夫妇请我们吃早餐，克林顿讲到一点，他说美国在很多方面是领导者，但有时领导者不知道该往哪儿走，没有什么引导他们，他们没有榜样可以效仿。"这个时候，是什么让你做出决定呢，"克林顿说，"是使命感。"

世界 500 强 CEO 谈得最多的是使命和价值观，中国企业很少谈使命和价值观，如果你谈，他们认为你太虚了，不跟你谈。今天我们的企业缺乏这些，所以我们的企业会老长不大。

公司如果只以赚钱为目的是做不大的，而如果以使命为驱动才有可能做大。

阿里巴巴认为"让天下没有难做的生意"是我们的使命感。现在名气最大的企业是通用电气。他们 100 年前最早是做电灯泡的，他们的使命是"让全天下亮起来"，这使通用电气成为全球最大的电气公司。另外一家公司是迪士尼乐园，他们的使命是"让全天下的人开心起来"。这样的使命使得迪士尼拍的电影都是喜剧片。

阿里巴巴将自己的使命最终确定为"让天下没有难做的生意"。所有制造出来的软件都是要帮助我们的客户把生意做得简单。

我只在乎我们能否为客户提供满意的服务。客户的需求比什么都重要。我不能抓住技术的浪潮，比如短信；我也不能抓住在线游戏，因为我不懂。我只能问我的客户需要什么。电子商务最大的受益者应该是商人，而不是我们这样的网络公司，网络公司只不过是提供服务工具。

我们提出"让天下没有难做的生意"以后，我们就把这个作为阿里巴巴推出任何服务和产品的唯一标准。我们以前曾经说最少推出一个免费的产品，我们的工程师和产品设计师、销售师马上想到把免费产品搞得复杂一点，将来收费产品搞得简单一点就可以了。所以我们的产品就越做越复杂，后来我问他们，我们的使命是什么，我们全体员工就说天下没有难做的生意。我说那为什么把产品搞得那么复杂，员工一下就醒了，于是我们就把产品做得非常简单。让客户的使用越来越简单，把麻烦留给我们自己，这就是当时使命感的驱动。

外行可以领导内行

领导者你越谦虚，越尊重别人，越是用欣赏的眼光，同事也会重视你的欣赏。克林顿最有魅力的一招，不是他的语言，而是跟人家讲话时眼睛盯着你，不管你是谁，他眼睛都 look at you，and listen to you(看着你，听你讲)，这是领导者，用心听。

我是技术外行，虽然在搞 IT，但既不"I"也不"T"，到目前为止，我只会在电脑上收发邮件而已，所以我就更懂得尊重专家和技术人员的意见。许多技术创业者容易犯的通病就是总觉得别人不行，要么指手画脚，要么自己做，结果自己做得很累，也做不好。不过，不懂技术，我刚好可以当公司产品的测试员，要是新产品出来，我马云不懂得使用，那社会上 80% 的人就不会使用了。

因为我不懂技术细节，而我的同事们都是世界级的互联网顶尖高手，所以我尊重他们，我很听他们的。他们说该这样做，我说好，你就这样去做吧。试想一下，如果我很懂技术，我就很可能说，那样没有这样好。

我会天天跟他们吵架，吵技术问题，而没有时间去思考发展问题。

因为我不懂，我永远跟他们吵不起架来，他们搞技术，当然我尊重他们，他们讲技术的时候我听，噢哟，这么高深的事情，我听不懂，我特崇拜他们。所以我说我们永远吵不了架，技术人员不会跟我吵架。

聪明的人需要一个傻瓜去领导，团队里都是科学家的时候，叫农民当领导是最好的，因为思考方向不一样，从不同的角度着手往往就会赢。

可能有些人会批评我是外行领导内行，但我认为，外行当然可以领导内行，关键是在于尊不尊重专业。

你可以把最优秀的人先请来，你不懂技术可以把最优秀的技术人员请来，你不懂财务就把最好的财务官请来，你不懂管理就把最好的管理者请来。

只要你有一种胸怀、眼光，你就可以做到这样。十个有才华的人九个是古怪的，他们都有种古怪的脾气，总认为自己是最好的，所以你要去包容他们。

我马云不懂互联网技术，是个技术的外行，但我从用户的角度来体验最终的结果。我是首席质检官，只要我用得来，我们80%的会员就用得来。我尊重技术的内行！

管理公司要靠智慧

在公司，人们之所以去听谁的，不是因为这个人是 CEO 或者是什么长什么主任，而是因为他说得对。这就要求一个企业领袖要有过人的智慧、胸怀和眼光，用以驾驭企业，而不是手中有多少股票。如果我发现我在控制这个公司的时候，所有的人都只是因为你控股，当觉得跟着你没有前途时，就会出现一批乌合之众跟着你。

就我手中的股份，我是不足以驾驭企业的，因为我并没有控股，我拥有的股份大概也只有10%的比例。从第一天开始，我就没想过用控股的方式控制公司。事实上，我们也不允许任何一个股东或者任何一方投资者控制这个公司。我觉得这个公司需要把股权分散，管理和控制一家公司要靠智慧。

靠控股就会弄得别人给你当奴才，反正你是老板，怎么说都可以。我从第一天起就没有控过股。我对我的同事说，我不是你们的老板，而是你们的CEO，我不付你们工资，工资是你们自己挣的。我不希望你们爱我，而只希望你们尊重我。

我们很健康，股份每个员工都有，最大的股份在管理者手里。这是个很科学的概念，我们不是东方家族企业。

家族气、小本本主义、小心眼，这些东西都不行，西方的公司是用制度来保证，而我们中国人是用人来保证。

事实上，投资者可以炒我们，我们也可以换投资者，投资者是跟着企业家和好的团队走的，即使只有一股，我也能影响公司。

"客户第一"

一个企业也有"三个代表"：第一代表客户的利益，第二代表员工的利益，第三代表的才是股东利益。

在未来3年，我们有3个目标，其中一个是"成为中国客户最满意的公司"。我们从流程到战略制定都围绕"客户第一"的原则，为此，我们2004年把九大价值观的第9条"尊重与服务"改为"客户第一"，提升为第一条价值。

"客户第一"这个理念请大家一定要记住。几乎所有的公司都是这么讲的，但未必所有公司都会这么做，包括阿里巴巴也这样。2005 年阿里巴巴的员工已经达到 2500 名，我们不能保证每个员工都能够把客户利益放在第一位，但是我们训练的时候就必须要这样。

"店小二"这个词，表现出了一种我们对自己的定位，就是为顾客服务的人。我们在电视、电影里看到，以前那些茶馆、饭庄的小二，看到客人老远就打招呼，鞍前马后照顾得非常殷勤周到。我们现在虽然不会称客户为"大爷""大妈"，但是我也希望我们的员工能够学习旧时代"店小二"那种殷勤好客的服务态度。店大欺客的情况，绝不能在我们网站出现。

有人说马云现在离客户远了。我离客户远，我是离客户远，我应该离客户远，那你觉得我应该一个星期见 5 次客户还是 8 次客户算近了呢？谁应该替我见客户？一线员工、一线经理。

就像有人说毛主席一个敌人都没杀过，那时候林彪送了一把手枪给他，德国造的最漂亮的手枪，主席拿了枪往地下一扔，说什么时候我要用枪了，你们都死了。主席背一把手枪出去打，这个事情就麻烦了。

如果一个 CEO 天天讲自己公司怎么赚钱的时候，这个公司麻烦了。一个公司 CEO，这么大规模的公司，天天讲卖自己的产品，希望这个 CEO 在外面讲这个产品多好，变魔术一样，今天拿这个产品，明天拿那个产品，这就是一个销售员，我们马上会觉得 Shame。

如果出去我们讲我们去年营业额多少，我们还要拿更多的营业额，这个工作应该谁干？销售去干，Marketing 去干。

阿里巴巴基本法

2006 年是想过退休，但是时机不成熟。

这个不成熟并非是指阿里巴巴尚未达到顶峰，我不是非要把阿里巴巴送到哪个成功阶段才会撤出。我想要的成熟时机是：即使马云离开阿里巴巴，阿里巴巴依然可以健康地生存和发展。

其实，地球离开谁都会转，毛泽东去世的时候，全国人民以为天都会塌下来，结果不是也挺好？邓小平去世以后，人们以为改革开放的步伐就此停止，不是也继续走下去了？如果我的离开导致阿里巴巴走向死亡，只能说明我马云前几年的工作是瞎搞。

造就一个优秀的企业，并不是要打败所有的对手，而是形成自身独特的竞争力优势，建立自己的团队、机制、文化。我可能再干 5 年、10 年，但最终肯定要离开。离开之前，我会把阿里巴巴、淘宝独特的竞争优势、企业成长机制建立起来，到时候，有没有马云已不重要。

我们要走 102 年，我们必须像美国一样要有一个宪法。这个公司什么能做、什么不能做、该做什么，现在很少企业考虑这些问题。但是一家公司要走得久、走得长，从人才、机制、环境各方面，我们都需要建立一个这样的体系。

企业做大了之后，值得依赖和信任的永远不是哪个人，而是一种高效率的制度。在这样的制度约束下，团队的执行力才能得到最大限度的发挥。

我们会花时间把"阿里巴巴基本法"做出来。美国的发展，200

多年最要紧的就是一部宪法，制定了整个制度和体系。我现在花很多的时间，为了我们的企业文化。文化是企业发展的 DNA，人可能离开，制度可能改变，只有企业的文化是能够传递下去的。文化是一种精神，是每个人必须 believe（信奉）的东西。

有时候在企业发展的过程中，文化有问题，制度也会有问题，人也会有问题，第一代企业家必须要掌握生意人的机会，也必须掌握商人的机会，必须学会建什么样的制度体系，经过 10 年第一代的努力才会有第二代。你判断他是不是有接班人的体系，这不是在书本上画一画即可的。写一个方案很容易，方案写好变成一种文化，变成血液里的东西，那起码得花 3 年到 5 年。

目标：基业 102 年

我们原先的口号是做 80 年，这个"80"是定出来的，我是拍脑袋说出来的。1999 年互联网的情况是，很多人在公司上市 8 个月，就跑掉了。全中国人民都在讲互联网可以上市圈钱，然后大家就跑。而我们在公司提出我们要做 80 年的企业，反正你们待多久我不担心，我肯定要办 80 年。直到今天我还在说我不上市，所以很多人，为了上市而来的人，他就撤出去了。所以提出 80 年就是要让那些心浮气躁的人离开。

我们这家公司要做 80 年，如果你做 8 个月、18 个月就离开的话，我要感谢你们的离开。

我们的目标、使命和价值观，是鼓励我们走下去的动力。我建议大家从明天开始，我们把我们的 80 年改为 102 年，成为中国最伟大、最独特，成为横跨 3 个世纪的公司。如果能活 102 年，就是我们最大的成功。阿里巴巴最大的成功不是我们有了诚信通、中国供应商，而是创造了伟大的公司。102 年我肯定看不到，到了那时，我 137 岁。我们可以把自己的孩子、孩子的孩子请到这里来，让他们今生无悔。

我认为有三点：大学是可以走 100 多年的，我们一定要办培养企业的大学；企业的文化可以走 102 年，企业的文化是企业发展的 DNA；投资可以做 102 年，洛克菲勒集团大家都知道，今天虽然已经没有了，但是钱和理念一直延续着。所以公司要确定 102 年的思考和建设，这是我未来的希望和信心。

至于中国电子商务，谁是第一个做，现在谁做到第一，都不重要，重要的是，谁能坚持。阿里巴巴要做 102 年。我们创办在 1999 年，到下个世纪第一年，阿里巴巴就跨越了 3 个世纪。

第七章

发现人才的潜力

● 梦想，永不放弃 ●

马云写给迷茫不安的年轻人

人的成长是关键

决定这个公司做好的关键是什么，不是机制，不是制度，是人的成长。

制度很容易做的，我告诉大家，美国宪法制定花了多少时间？三个月。这部大法走了两百年，制定也就三个月。

阿里巴巴有什么法不是坐下来讨论三个星期的，我估计该弄的都弄了，Easy，但是缺乏的是什么？缺乏的是人才，包括人的理想主义色彩，人的开放，人的成长，这才是最关键的。

我不是说要否定法，要人治，那是两个概念。该有的必须得有，但是人的成长是我们公司的关键。

我们认为与其把钱存在银行，不如把钱投在员工身上，我们坚信员工不成长，企业就不会成长。员工是公司最好的财富，有共同价值观和企业文化的员工是最大的财富。今天银行利息是两个百分点，如果把这个钱投在员工身上，让他们得到培训，那么员工创造的财富远远不止两个百分点！

我希望阿里巴巴未来的钱，最多的是花在人的身上，而不是机器上。你去我们公司两层楼看看，每天都在培训、学习。培训分三个层面：

新进员工培训、干部培训、客户培训。

我们现在的培训针对销售人员的叫"百年大计"、针对诚信通服务的叫"百年诚信"、针对阿里巴巴所有员工的叫"百年阿里"、对客户的培训叫"百年客户"，这是我们的百年系列。从员工到销售人员到干部到客户形成这样一套体系进行培训。

"抗日军政大学"

阿里巴巴办"抗日军政大学"的目的，是在最先进的价值观和使命感的支持下，不断培养出能打硬仗的正规军。

企业的领导干部是永远让 CEO 最头痛的问题。

所有的企业都会担心，我真怕他（干部）走掉，如果这个人走掉了，业务就没有了。你天天都让这个人很开心，结果成了恶性循环。有时候经理比总经理还大，因为他掌握了很多业务。中国很多的干部，第一种是义气干部，上面的领导压下来，都是他顶着，下面的企业，我（义气干部）帮他们扛着；还有一种是劳模干部，这人平时干 10 个小时，然后你让他当了经理，他觉得领导喜欢他当经理，本来干 10 个小时，后来干 12 个小时；再一种是专家当经理，因为这个人刀法非常好，如果你让他当经理，肯定不行。

"抗日军政大学"就是要做好团队管理、干部管理。阿里巴巴要在 3 年以内培养出一批人才。人是最关键的产品，所以，我们要在 3 年内锻炼我们的队伍。我们盼望着 3 年内培养出最优秀的互联网员工。当然，我们要耐心，一个企业的成功要靠捕捉机会，但是练内功、灌输价值观是最累的。

我们在培养员工、培训干部上花了大把的钱。有人问公司是先赚钱再培训，还是先培训再赚钱，我们提出"725"理论，既要赚钱也要培训。

如果阿里巴巴想成为全世界十大网站，靠游击队不行。毛泽东光靠游击队是不可能打下全国的。最后决定胜利的三大战役要有一大批将领才能带动起来。

我们4年来屯兵西子湖畔，在那里训练人马，训练我们的团队，了解客户，了解市场，我们的员工最近达到1400名，可能是当今中国互联网企业中员工最多的公司。我们认为与其把钱存在银行，不如把钱投在员工身上，我们坚信员工不成长，企业是不会成长的。

发现每个人的潜力

领导者另外一个职能，就是发现团队员工中的独特技能。这世界没有坏的员工，只有坏的领导和坏的体系，每个人都有最大的潜力。我经常讲这个例子：我们有一个亲戚，家里着火了，他用木桶装水把火扑灭了，第二天起来，连桶都拎不动，就是因为他在房子烧着的时候把他的潜力发挥出来了。

领导者的眼睛看出去都是好人，一个职业经理人看出去都是坏人；领导者在于发现员工的潜力并且充分地将其调动出来、发挥出来，而职业经理人是搬砖头。你问领导，觉得这个人怎么样？他会说这个人真的不错。但是你问职业经理人，这个人怎么样？他会说这个人恐怕不行，这个地方不行。一个真正的经理人必须是一个领导者，我想告诉大家的是，一个企业里面领导者就是领导做人的道理。

领导要能发现人身上最好的东西。你要找这个人的优点，找到这个人自己都不知道的优点，这是你的厉害之处。如果有一只老虎在后面追你，你的奔跑速度自己都想象不到。为什么能跑这么快？有老虎追你。

每个人都有潜力，关键是领导者要激发出这个潜力。好的年轻人是被发现，然后被训练的。首先你要发现他有敢于承担责任的素质。他一定要有承担。你不可能找到一个完美的人。你找到的是一个有毛病的人，因为有毛病，所以才需要你帮他嘛。

我觉得用人的最高境界是提升人。professional manager(职业经理) 和 leader(领导者) 的区别是什么？我招到一个好人，把他放到一个合适的位置上，这是很正常的。但是最高的一个境界，我们还没有达到的，正在追求的境界是我招了一个人，在用的过程中"养"他，越"养"越大。我们今天还没有做到这个境界，至少我没有做到这个境界。

我们今天养了很多人，但是很多人在公司用的过程中，枯竭掉了，他的身体被打垮了，精神被打垮了，技能被打垮了。没有达到"养"的境界。"养"不是说真的去"养"一大堆食客，而是用的过程中把他"养"好。这个就是"超越伯乐"。

训练干部管理团队

如果阿里巴巴想成为全世界十大网站，靠打游击不行。毛泽东是不可能靠游击队打下全国的，最后是三大战役决定了胜利，因此要有一大批领领才能保证胜利。

干部队伍的培养，我想跟所有的企业分享一下：如何培养干部？阿里巴巴是怎么做的？

前些天，我组织公司的一些高层看《历史的天空》。这是一部很好的电视剧，讲述了一个农民如何逐步成长为将军的故事。主人公姜大牙一开始几乎是个土匪，但是通过不断学习、实践，不仅学会了游击战、大规模作战、机械化作战，而且还融入了自己的创新，最终成为一个百战百胜的将军。与众多的中小企业一样，阿里巴巴也希望员工像姜大牙一样，不断改造，不断学习，还要不断创新，这样企业才能持续成长。

国家换一个省长、市长，一点反应都没有，这个制度值得学习。在阿里巴巴，总监以上的干部，集团组织部可以随时调整。在淘宝干得不错，明天可以到支付宝或者阿里巴巴干两年。干部经过这样调整后，眼光视野就开阔了，可以把阿里巴巴的经验带到淘宝，把淘宝的经验带到阿里软件。

阿里巴巴的干部要轮转，让销售人员到后台来，看看后台是怎么运作的；让后台的人到前台去，看看前台是怎么运作的。阿里巴巴的业务经理们也定期在全国城市之间大调动，让他们调换眼光，这是阿里巴巴培育员工"拥抱变化"能力的措施之一。

我训练干部管理团队，要求他们在问题发生之前就把问题处理掉。你做的任何决定都关系到公司 3～6 个月之后发生的事情。如果没有人能取代你，你永远不会升职。只有下面的人超过你，你才是一个领导。领导不要做具体的工作，让下面的人去做。你用 6 个月如果还找不到替代你的人，说明你找人有问题。6 个月你找不到人，说明你不会用人。

我们是怎么想到这一招的？我看美国 NBA 打篮球，为什么越打越好，是因为板凳上坐了 12 个人，下面的人很想上去，都认为自己打得也不差，上场的人压力很大。这样你会有一套制度，用制度保证你的公司，不要用错人。所以我们在培养干部队伍方面，形成了"学习制度"。

找到超越自己的人

互联网是 4×100 米接力赛，你再厉害，只能跑一棒，应该把机会给年轻人。

阻碍阿里巴巴发展的一个人就是马云，如果我不换掉我的脑袋，所有的改革都是一句空话。我要想办法尽快把自己换掉，要么换自己的思想，要么把马云换掉，这样才能一代一代往前走。创业是 4×100 米的赛跑，我跑第一棒不错，不意味着第二棒很好，这是团队的工作，希望能够尽早地回到我自己喜欢做的教师、农业、环保上面去。

这是我的一份理性。在 2003 年阿里巴巴已成为很成熟的国际大网站，那时我的管理和经验已经显现不足，我也不能担保自己那时不会发生短视，或由于成功而刚愎自用，因此最好的退路就是交棒，让一个更理性的人来领导阿里巴巴。

一直想 30 岁创业 40 岁退下来再去当老师。一路走下来发现这是个理想。倒不是说公司离不开我，我要是走了，公司还会在。自从创办阿里巴巴以后，感觉到什么错误都能犯，但有一个错误不能犯，这就是因为我的离开致使公司关门或者变得碌碌无为。我在中国黄页时，黄页还不错，我离开黄页，黄页就不行了；我在外经贸部 EDI 时，EDI 红红火火，我一离开，EDI 就从此变成特普通的公司。创建一个伟大的公司，需要一个伟大的机制，需要一批平凡但能从事伟大工作的人。

我想把这些老的人赶出去，确实七八年下来，我特别感谢我的老员工和同事、创业团队的人。这些人跟我们创业 10 年下来，身上打的都是伤疤，有人说将军身上没有疤，那我不相信，几乎衣服脱下来每个人身上都是疤，都很累，确实需要有时间去思考、反思。

这也是给他们放个假，我不想等他们跟我奋斗到 60 多岁时，向我埋怨说除了工作，没有生活、没有朋友。

永远要想办法找到在公司内部能够超过你自己的人，这就是你发现人才的办法。如果你找不到，问题一定在你身上，你的眼光有问题，你的胸怀有问题，可能你的实力也有问题。

不挖人，也不会留人

我自己认为挖人很累，互联网同行竞争应该遵守一定的游戏规则，光靠挖人很难做到创新。这样请来的人，同样也能被别人请去。

我们永远不挖人，也永远不留人。阿里巴巴10年来进了22000名员工，离开的也有10000名左右了，我一下子记不清楚，我从没留过任何人。

你的员工跑，最好是用法律条文进行规定，最重要的是让你的员工和干部通过职业操守的训练和培训，让他们真正懂得什么叫职业操守。现在很多企业，很多人愿意跳到竞争对手那儿，我自己不愿意聘用一个经常在竞争者之间跳跃的人，或者从竞争对手那儿跑我这里来的人。

我们不但绝对不允许自己公司挖竞争对手的人，同时也不允许我们的猎头挖；同时也强烈地鄙视、排斥和谴责竞争对手挖我们的人。

如果不是最大竞争对手的人，可以考虑一下；如果是最大竞争对手的人，我们绝对不会接收。

我现在发现很多人一离开自己工作的公司就开始骂这个公司，这样不好，那样不好。我建议，如果发生什么事情离开一个公司时，不要抱怨，抱怨只会让你更不受人尊重，这是没有职业道德修养的一种体现。

如果一个人离开一个企业以后，想办法破坏、挖员工，他的人格是扭曲的，心态是扭曲的，他在否定别人的时候，也否定了自己原先的价值观，否定了自己做过的工作。所以我想告诉大家，我不怕有员工说要加入竞争对手，但在某种程度来讲，就像孙彤宇讲的，如果加入的话，下半生不会完整。我觉得这种公司会很难生存，这种人永远被阿里巴巴拒之门外。

我们公司会越来越大。今天已经很少有人会说，我们做 B2B，他们做搜索引擎，他们做门户站点，不可能竞争的。那么，各位要离开公司就不能进互联网公司了？我觉得可以，但你自己心里要有把握，不会跟阿里巴巴竞争。

阿里巴巴有一个外籍员工的老公，他原来在阿尔卡特，后来被北方通信挖去了，进去了之后，北方通信说阿尔卡特怎么做的，他一拍桌子站起来说，你们请我过来做的生意跟阿尔卡特没有关系，我永远不会做违背阿尔卡特的事，后来他得到整个北方通信老板的尊重。GE 和西门子之间也是这样的道理。

我觉得跳槽多的人就像结婚了离婚、离婚了结婚、结婚了再离婚的人一样不可靠！我不喜欢频繁跳槽的人，年轻人一个简历上前面 5 年换 8 个工作，这个人我一定不要他，他不知道自己想干什么，尤其跨 N 多的领域，不太会有出息。坚持一个行业，给自己一个承诺，干 5 年非常重要，跳槽多不是一件好事，今天的企业是这样子，明天的企业一定选择你在这个企业里面待多少年、交多少学费、工作努力多少的人。

B2B 领域自己摸索着做。阿里巴巴是完全自己摸索出了一条独特的路。B2B 没有人认可，都是可以摸索着做。在"战争"中学习，和客户一起成长，然后才有了阿里巴巴现在的全球性 B2B 电子商务。

在 C2C 领域，阿里巴巴没有必要从竞争对手那里挖人。一个重要的原因是，国内的竞争对手问题太多，阿里巴巴不想也没有必要挖竞争对手的员工。大家应该也看到，阿里巴巴自己培养的新人打败了其他公司已经工作过 5 年的老人，目前，淘宝已经是亚洲最大的个人拍卖网站之一。

电子支付方面，阿里巴巴在国内是最领先的，竞争对手方面确实没有成熟的人才可挖。

阿里巴巴这么多年来被猎头公司挖去的人太多了，稍微认为自己能干的都被请了，还有一些认为自己可以创业的人也都出去了。那些既没有猎头公司挖他们，也不敢创业的人留下来都成功了。而且还有很奇怪的事情，他们说统计了一下，阿里巴巴出去的一帮人，很多都当了一些公司的副总、经理，原先都是员工啊，但没有一个真正成功的。

可能是阿里巴巴的团队合作文化导致很难出个人英雄，我们都是配套的，一套一套的文化配合的。

有一个公司把我们公司二十几个小年轻请去了，那个公司老板跟我打电话，他说马云，你派了一批间谍到我们公司来策反。

我说我还没骂你呢，挖了二十几个人过去！他说，这帮家伙天天在我们公司讲价值观，说我们不考核价值观。

员工也是创业家

最近阿里巴巴有一些政策出来，阿里巴巴以后将会有一些政策出台，三年阿里人、五年阿里人、八年阿里人、十年阿里人，每一个阶段对他的支持是不一样的，我们鼓励员工在公司内部创业，也鼓励员工到外部创业，首先是阿里人以后，我们将有更多的理解和支持。

创业是一条很艰辛的路，100 个人创业，95 个人死亡，你连看都没看一眼，4 个人是你看着他死亡，还有 1 个人是因为众多的因素才能生存下来。假如说你想创业的话，我记得一个阿里巴巴员工进来第一天跟我说要创业，我说 5 年以后要创业的话支持你，5 年以后他说我还想创业，而且他已经成为很好的员工，我说我支持你。

我们阿里巴巴在人力资源管理中，首先就设想了在今后的若干年中会有三分之一的员工他们本来就是来工作学习的，今后他们会离开；有三分之一的员工是在工作中不适应企业的发展，会被淘汰出局的；还有三分之一的员工是会适应阿里的企业文化和工作方式，与企业长期共同进步的。

为什么？这些人本身就是创业家，他们一直想自己干，只不过今天没有钱，也没有精力。我说 OK，你到我们阿里巴巴来学习。4 年以后有足够的经验，有足够的钱了，再去自己闯。这时候公司投资，你自己去闯。

我们以前有一个理想，希望 20 年以后，中国的 500 强中有许多

CEO 来自我们公司；我也希望看到，在将来，中国 500 强中阿里巴巴集团出来的人做 CEO 的有多少，做副总裁的有多少；我希望阿里巴巴能够诞生很多商场名将，我们要成为中国商战名将的摇篮。将来有一天，你如果要成为商界的领袖，就必须要放眼看全世界。

第八章

优秀的团队

梦想，永不放弃

马云写给迷茫不安的年轻人

有优秀团队才能成功

我永远记住自己是谁，是我的团队、我的同事把我变成英雄的。我只不过是把大家的工作成果说说而已。我觉得特难为情的是，很多媒体把我同事所做的努力都加在我头上。我哪有那么能干！我不会写程序，又不懂技术。要说"狂妄"，我从做阿里巴巴开始就一直是这个风格，也不是最近才"狂妄"起来的。

一个人再怎么能干，也强不过一帮很能干的人。少林派很成功，不是因为某一个人很厉害，而是因为整个门派很厉害。

一定要有一个优秀的团队。光靠一个人单枪匹马不行，边上都是替你打工的也不行，边上这批人也必须为了梦想和你一样疯狂热情，而且这个梦想还必须做出来。

我自己从来就不承认是什么知识英雄，因为阿里巴巴今天的成就是很多朋友的功劳，不是我一个人的；我只做了 5% 的工作，朋友们做了许多艰辛和默默无闻的工作，他们把我推上前台，我只是他们的代言人，我只是出来练练。

我觉得阿里巴巴不是我马云的，不可能让我儿子继承阿里巴巴的事业，阿里巴巴是属于那么多员工、那么多客户的，是属于世界互联网、世界电子商务的。

　　一个优秀的团队、优秀的同事是让一个企业成功最重要的因素之一。我是平凡的人，我最怕别人把我看成圣人、教父。我跟大家没什么区别，是淘宝和阿里巴巴支付宝给了我光环，不是我给淘宝、阿里巴巴、支付宝光环。是两万多名员工帮了我，不是我帮了他们。

不希望用精英团队

　　我们阿里巴巴要的是普通人才，以前从来没有人说我是精英，现在人家都说我是精英，现在我也玄乎起来了。我经常觉得北大清华第一流的学生也不会到我们公司来，人家都到美国去了，北大清华第二流的学生都到 Google、IBM 去了，北大清华第三流的学生我也不要。所以我觉得二三流学校的第一流学生我最喜欢，我觉得杭州师范学院的学生最好，我就是那儿毕业的。我喜欢普通的人，我说我们公司的员工都是平凡人，很多平凡的人在一起做不平凡的事。在这么多年公司的运营过程中，特别是阿里巴巴前期，我们也搞过精英团队，后来发现，全明星团队就像一个动物园，什么样的动物都有，很难管。

　　阿里巴巴不希望用精英团队。如果只是精英们在一起，肯定做不好事情。如果你认为你是英雄，你是不平凡的，请你离开我们。我们并不需要人精到我们这儿，要么人，要么精，人精是妖怪，我们不要。

　　在阿里巴巴团队文化里，讲得最多的是这句话——"我们是平凡的人，在一起做一件不平凡的事情"。

我们可以把别人当精英，可以把百度、Google 当精英团队，但我们是平凡的团队，我们要做不平凡的事情——通过新的生意方式创造一个截然不同的世界，让天下没有难做的生意。

我要找的员工是平凡的人。什么是平凡的人？有平凡的梦想。什么是平凡的梦想？不是为社会主义奋斗终生、改变全人类。平凡的梦想就是我要买房、买车，我要娶老婆、我要生孩子，这是人最基本的梦想。这些梦想真实，为自己所干，我觉得这样的员工我喜欢，实在。

我们 18 个创始人，包括我在内，没有说我们特别出息特别能干，我们都是平凡的人。平凡的人在一起做一件不平凡的事。什么是伟大的事？伟大的事就是无数次平凡、重复、单调、枯燥地做同一件事情，就会做成伟大的事情。

唐僧是一个好领导

许多人认为最好的团队是"刘、关、张、诸葛、赵"团队。关公武功那么高，又那么忠诚。刘备和张飞也有各自的任务，碰到诸葛亮，还有赵子龙，这样的团队是"千年等一回"，很难找。但我认为中国最好的团队不是"刘、关、张、诸葛、赵"团队，而是唐僧西天取经的团队。

像唐僧这样的领导，什么都不要跟他说，他就是要取经。这样的领导没有什么魅力，也没有什么能力。孙悟空武功高强，品德也不错，但唯一遗憾的是脾气暴躁，单位有这样的人。猪八戒有些狡猎，没有他生活少了很多的情趣。沙和尚更多了，他不讲人生、价值观等形而上的东西，"这是我的工作"，半小时干完了活就睡觉去了，这样的人单位里面有很多很多。

这4个人经过九九八十一个磨难，到西天取得真经，这种团队我们满山遍野都是。每个人都有自己的个性，关键是领导者如何让这个团队发挥作用，合在一起，这才是真正的领导。

唐僧这个人不像很能讲话，也好像不像个领导的样子，但是他很懂得领导这个团队。这个团队到西天取经，这么多天没有散掉就是好，唐僧其实很懂得什么时候去管制他的员工。他知道猪八戒不会出大问题，让他慢慢去弄，对不对？他也知道沙和尚要时而鼓励一下。唐僧是好领导。好领导不是一定像马云一样，能侃、能说、会演讲。

唐僧这个领导人坚定不移地坚持自己的信念——西天取经。领导者就是不管多大的危难，说我去了，你们可以离开，这是领导者。所以我觉得唐僧这个领导，哪个单位都有，你别看唐僧不太响，说说不过马云，但是唐僧比马云厉害多了，只不过你没看出来而已。

用价值观来统一思想，通过统一思想来影响每一个人的行为，最后形成合力。互联网业务是需要所有人齐心协力打出来的，没有人可以在互联网公司按部就班，互联网公司需要跨部门的配合，要靠团队力量。

好公司就像动物园

阿里巴巴人才济济，聪明人非常多，请记住，公司里面要有各色人等，这个公司才是好公司。动物园为什么人们愿意去看？就是因为有各式各样的动物，如果动物都是一样的，那是养殖场，养鸡、养猪没意思。

我发现这个世界美妙的是可以看到各种各样的人，尤其在这个公司里面。你带着欣赏的眼光看别人，你怎么看怎么顺；你要讨厌一个人的时候，你怎么看怎么不顺。

各种各样的人才、各种各样的性格和脾气都有，这才是一个优秀的、文化灿烂的公司。如果公司里面所有的人都是一样的话就麻烦了，就像动物园里都是不一样的动物才有人看。如果都是一样的就是养殖场，全是牛全是马，我们不需要养殖场。

六人之中有人杰，七人之中有混蛋。团队里面的人教育背景、文化都不一样，不要记恨跟你不一样的人，这是没有用的，如果我们公司每个人都跟马云一样会侃，那是没有用的。我又不会写程序，我连电脑都不会用，但是有的人是特别能干活，不能讲话。你要求团队有一点必须是一样的，必须有共同的目标、共同的使命感、共同的价值观。

危机中的团队精神

2003 年 4 月 30 日，我到桐庐去，桐庐有个老解放餐馆，我们到那儿去吃了饭。回来以后比较累，我从来不午睡，那天午睡了。所以我现在不敢午睡，一午睡就要出事。

那天我午睡时突然接到一个电话，我同事打了一个电话给我说，小钟是"非典"。瞎扯！我说我从桐庐回来，回来的时候看的是阳光明媚，一切都是蛮好的事情，怎么可能有"非典"！他说防疫站已经到我们公司来了，我说不可能吧，他说真的。

我挂了电话，起来跑去一看，那穿白大褂、戴眼镜的都来了。然后查什么原因什么原因，这个时候我心里想完了。

因为我们把小钟派到广州参加广交会（广州交易会）。我们承诺给客户，我们一定会参加广交会，尽管当时政府并没有说广州出现了什么病，但我们听说是有个莫名其妙的病出现，上飞机前我们买了口罩，什么东西都准备了，准备得非常好，其实我们公司做了最好的准备工作，到了广州也没什么，但是回来之后就有员工突然发了高烧，发烧 10 天以内我们让她自己隔离，说一切都没有问题，11天的时候，突然发现了这么一个问题。

小钟那时候在 3 楼工作，我们是在 9 楼。所以我那天早上要求所有 3 楼的人在家里上班，不要出来，把联系地址全部弄好，然后到 9 楼安排的时候，我早上还去华兴楼里面跟他们讲那个"非典"估计不是真的，看来搞错了，下午就会放回来的，但是到了下午 3

点钟还是没有消息，这时候我们就开始觉得应该做一个应急方案。

我一个人在办公室里想：一、万一是真的怎么办，你不能侥幸。二、互联网是用来解决什么问题的？应急问题。当年美国国防部为了防止军用设施被敌人全部炸掉，才搞了互联网，互联网能不能够在家里上班？三、我们就算这次不算，如果发生战争、地震、火灾，阿里巴巴公司一夜之间都烧了，我们能不能够应急，既然这是个机会，我们不可能搞应急……谁都吃不消，搞这个东西，除非火灾真来了，没有一个人做，但是这一天我说 OK，我们做一次应急的措施，像军事演习一样。

所以那天下午真的是运气比较好，我到 4 点多临时决定，所有的同事——500 名员工全部回家，在 6 点半之前撤离办公室。那时候还不能开集会嘛，这 500 个员工又不能集中在一起，超过几百个人就要审批了，然后我们分了几个小组，宣布大家准备回家，通知立刻建立应急小组，技术部门立刻建立起整个网上的互通工程。然后所有有电脑的人立刻在家里通过网通、电信安装上宽带，没有电脑的人，把办公室的电脑搬回去，迅速请公司建立好整套应急体系，所以 6 点半就收拾完毕。我觉得最感动的是公司 500 个人没有一个人抱怨，大家都静悄悄的，每个人都戴着口罩，装电脑的装电脑，搬电脑的搬电脑。

今天大家是用轻松的心态来听的。然而，当时的心态是非常恐慌的，极其恐慌的心态，特别紧张。那些年轻人，他们只有二十三四岁，二十三四岁的年轻人突然发现周围的人有一个是"非典"病人，而且她就在边上办公室走过，然后办公室边上都是穿白大褂的人，整个城市都笼罩着这种气氛。

为了保证整个工作不出问题，我们要求所有的员工在家里上班，不允许让客户、外界知道我们公司碰上了"非典"，因为那时候我们已经有 700 多万家会员企业。外面是不能出现阿里巴巴碰上"非典"的情况，我们要处理的是股东问题，相当乱套。最可怕是 5 月 13 日我在英国有一场演讲，布莱尔首相是第一个讲，我是第二个讲。我已经答应他们要去，结果还得告诉他们出事了，但不能告诉他们是"非典"，否则全乱套了，对不对？我告诉这些同事们，回家做好客户服务，每个人保证客户利益，这时候考验我们公司价值观的第一条：客户第一。所以大家开始撤离，6 点半以后我们把公司门锁上，办公室里几乎没有人。晚上 8 点钟通知我们，我们的那个同事正是"非典"。第二天早上我们的办公室被彻底封掉。阿里巴巴的员工都回家了。

那段时间我们坚持了 8 天，那 8 天是非常艰辛的。光前面 2 天我睡在客厅沙发上将电话手机打爆，处理所有关系。员工开始在内部发现"非典"病例的当天 8 点之后就建立起一整套应急体系。我们开始通过网络，把电话都转接到家里面，所以那时候的 8 天真的非常非常的神奇，客户打进电话时根本没有人知道阿里巴巴已经被隔离。

客户打进电话之后听到的应答还是："你好，阿里巴巴。有什么要服务的？"甚至一个老头接电话，都是："你好，阿里巴巴。"我们员工的家人接电话全都是："你好，阿里巴巴。"

各地的员工那时候最重要的是维护客户第一，讲究团队精神，每个人都互相支持。那个时候我觉得感动非凡，在那 8 天里面，我们晚上在网站的一个固定的论坛上交流，你今天处理了多少客户，你的问题怎么样，然后我们在网上唱卡拉 OK，大家唱，互相鼓励，然后每个人还要支持在医院里面的那个钟小姐。

8天以后，我们的高管关明生说，这种文化是一个公司梦寐以求几十年才能建立起来的东西。在危难时期没有人互相指责，没有人互相埋怨，而是说我们手拉手一起度过灾难。灾难出来的时候，如果大家都东扯西扯那就全完了。

所以我觉得"非典"这个案例告诉我们，一个企业的文化就是靠平时点点滴滴积累的。做的过程中也许你很痛苦、很难、很累，但是只要你坚持不懈地做下去，就一定会与众不同。就像天天锻炼跑步是很累、很枯燥的，但也许你就是比别人身体好。

赚钱是一辈子的事情，在这么危急的关头，你需要帮助别人，就像我们公司500多人被隔离的时候，我们需要的是帮助、理解和支持，而不是说在这时候打击我们。所以我们觉得在"非典"时期那么多企业做不成生意，这是我们帮助它们的时候，而不是赚钱的时候，人家都相信你电子商务，你就看看能不能帮助人家出口，能不能把囤积的产品卖出去，这些东西是让我们发自肺腑地说，我们今天要做好这些事情，然后悟出了很多，那个时候真是悟出很多道理。

电子商务在那个时候被认识到是如此重要和方便。而我们自己也将对互联网的运用提高到了一个前所未有的高度。为了解决单身员工被隔离时的心理问题，我们甚至利用网络举行过几次公司范围内的卡拉OK比赛！这在正常时候是很难理解的。因为利用电子邮件和网络聊天工具来交流，同事们之间变得更加直接和坦率，效率也随之提高。

"非典"隔离的那几天，我从来没有布置过一项工作，每天照样100万元现金进来，该怎么处理还怎么处理。每天我们的网站照样那么稳定，每天客户打电话进来，丝毫没有感觉到有任何异样。这是我们团队体现出来的最大价值，阿里巴巴的团队让我骄傲。

许多人说阿里巴巴发了"非典"财，其实并不是这么回事，电子商务本来就挺好，只是"非典"让大家了解电子商务好，而不是"非典"让电子商务好。

在未来，中国传统上对电子商务 B2B、B2C、C2C 的说法都会有很大的改变，中国互联网从广告市场的争夺，到短信息市场的争夺，到游戏市场的争夺，很快就要进入对电子商务市场的争夺。中国电子商务市场可能在一两个月内就会有很大的变化。

第九章

创业全过程

● 梦想，永不放弃 ●

马云写给迷茫不安的年轻人

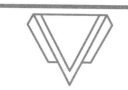

"互联网有多远"

1995 年去北京见了张树新，我与她谈了半个多小时。那时候她也忙，她在中关村那块儿竖了一块牌子：信息高速公路离中国到底有多远。当时跟我去的是何一兵，我们的营销总监，是一个技术高手。谈了半个小时出来我就对他说，如果互联网有企业死的话，那么张树新（所办的企业）一定比我（所办的企业）死得更早。

第一，她的观念我听不懂；第二，她提的理论比我更先进，我听了半个小时没有听懂。当时我做的是企业上网，而她讲的是老百姓的网。1995 年 2 月，我又去了北京，将一些文章也带到北京，请朋友看能不能帮着发表。当时我的一个朋友他认识《北京青年报》的一个司机。我们就把这些稿件给了他，同时给他 500 元钱，要求不管是什么样的媒体，只要发了钱就是他的。

其中《中国贸易报》头版发表了一篇我们提供的文章，于是我就去找了他们的头。那时候没有人敢提互联网，有人提说明这个报纸的头很有魄力，当时我就说跟他（孙燕君）谈一谈，那次我们谈了两天两夜。当时他也不懂互联网，就像我一样不懂互联网。但是他觉得这东西肯定有戏，他说马云我支持你，我过一段时间举行一个活动，我请我的编辑、记者朋友过来，你们见见面。

　　那次我们出 3 万元，在北京的外经贸部隔壁的一个俱乐部，请了 30 多位记者、编辑。我将我那两台台式电脑，一大清早就在那儿安装好。

　　当时没办法联网，北京的网速太慢，我们就将资料拷到硬盘上。当时我讲了两个小时，主要讲了什么是互联网，网络有什么好处，那些人听得朦朦胧胧。第二天就出来一篇文章，对互联网进行宣传，说互联网就这么远。

　　他们媒体说要是你能说服《人民日报》上网，那么你的广告宣传、你的声势一下子就起来了。我当时就说好，于是从那年冬天开始，也就是 1995 年年底 1996 年年初，我跟李琪来到北京，那一年的冬天真冷。

　　我跟谷家旺（时任《人民日报》发展局局长）讲互联网。他出过国，留过洋，很知道互联网是怎么一回事儿。当时我们俩就谈得特别投机，已经谈到很晚的时候，他说有空我们多聊聊，还建议我说：你给那些处长去上一堂课。于是我又去给他们的处长讲了一堂课。

　　当时我讲的时间比较长。最后我想我已经讲得最好了，成不成也就这样了。心情很紧张，激动得紧张。后来范敬宜（时任《人民日报》总编辑）走了过来，握握我的手说：你讲得真好。

　　前后就是讲了两次。范敬宜说我们明天就打报告给中央，让《人民日报》上网。《人民日报》上网之后引起了很大的轰动。当时中央电视台《东方时空》都给我们做了报道。

　　我是 1996 年底 1997 年初就回到了杭州，当时北京的新媒体，我们都给做了网页。那时候，我吃饭常到麦当劳，就在北京天坛的对面。晚上就在朋友的办公室里睡一晚上。我们那时候能省下来的钱全都得省，省下来做事儿。那时候我们全天吃麦当劳，弄得我现在一看见麦当劳就想逃。

当时的樊馨蔓她跟我认识，她看我像疯子一样。她在拍我们，拍完上了电视之后影响很大，中央电视台的第一期网络报道，先到《东方时空》，再到……做完这一切之后，我就觉得我该做的都已经做完了。我当时一分钱也没有赚到。然后，从 1997 年开始，网络热起来了。

离开杭州，北上

1997 年 10 月，我偶然认识了外经贸部的王建国。外经贸部中国国际电子商务中心诚邀我加盟。于是我又一次召集了几个朋友到自己的公寓，说服他们跟着自己去北京闯荡。

我去北京但并没有离开黄页。去北京是去做一个事业，想把黄页带起来。我是在黄页赚钱时走的，那年中国黄页的营业额是 700 万元。我马云不会在失败的时候放弃，只会在成功时离开。中国黄页毕竟是我们的儿子，不管中国黄页今后怎样，我们都不会动它一根手指。

当时是给外经贸部做站点，外经贸部是第一个上网的部级单位。到了外经贸部，第一次听到 EDI 的概念，就是电子数据交换。电子数据交换是最早的一套电子商务模式，实际上是把传统的一些工业流程用于电子术语交换，什么政府采购全球贸易，我们听了很多，满怀希望地进去了。

我加入政府外交系统的组织，要协助中国企业发展电子商务，但我的老板想的是要服务大型国有企业、建立内部封闭的交易系统，例如 201 等，和我认为的电子商务应该支援中小企业、私有经济，而且一定要开放的想法完全不同。

互联网是一个开放的平台，会迅速地冲击封闭式的平台，我们那时候就跟 EDI 中心发生了争论，我们认为有人会利用互联网打造一个新的商务模式，这对 EDI 会产生冲击。

他们说给我们 30% 股份，他们占 70%。我们那时候一个月就拿几千元的工资，其他什么也没有，我们干干净净地来，创建了一家公司——国富通技术。在那家公司里面我们真正做到了我自己感到骄傲的事情，我们创了中国很多第一，14 个月我们利润做到 287 万元，所以在 1997 年、1998 年我们做得很大，我们挣到钱了，只不过我们没有说。

中国第一个网站交易市场是我们做的，第一个进出口交易所是我们做的。外经贸部几乎所有的网站都是我们做的，那几乎是天翻地覆。那时大家都说我们是中国的梦之队，认为那是政府与企业完美的结合，但他们全都不知道内部究竟是怎么一回事，所以后来新浪和雅虎叫我去。

杭州毕竟只是省会城市。到了北京后，我学习从全国的角度看问题，眼光更宽，经验也更多，同时更了解全国企业电子业务发展的趋势。在这之前，我只是一个杭州的小商人。在外经贸部的工作经历让我知道了国家未来的发展方向，学会了从宏观上思考问题，我不再是井底之蛙。

离开，从零开始

我在外经贸部一待就是近两年，那时候我的想法总是和别人不一样，最终在网站的定位上与领导层产生了很大的分歧。

当时，我认为我们应该帮助中小企业、民营经济，领导认为应该为大型国企服务；我认为我们应该帮助企业创造价值，想办法帮人家赚钱，但是另外一派认为应该是控制企业。观念不一样，但是我觉得我不一定是错的，他们也不一定是对的。

领导们想要的是"控制"，而我们想得更多的是"开放"。

我决定离开北京以后，觉得我的伙伴是我从杭州带出来的，我有权利也有义务告诉他们我要离开。

我对他们说，我近来身体不太好，打算回杭州了。你们可以留在部里，这里有外经贸部这棵大树，也有宿舍，收入也非常不错；你们在互联网混了这么多年，都算是有经验的人，也可以到雅虎，雅虎刚进中国，是家特别有钱的公司，工资会很高，每月几万元的工资都有；也可以去刚刚成立的新浪，这几条路都行，我可以推荐。反正我是要回杭州了。

你们要是跟我回家二次创业，工资只有 500 元，不许打的，办公就在我家那 150 平方米的房子里，做什么还不清楚，我只知道我要做一个全世界最大的商人网站。如何抉择，我给你们 3 天时间考虑。

他们走出我这个办公室 3 分钟之后就回来说："马云，我们一起创业、一起回家。"我觉得团队要找到合适的人，对团队最重要的一点是信任，从不隐瞒。到今天为止，对我的团队我从来不隐瞒任何东西。有的时候我告诉他们有些事不能讲的，不讲没问题，只要讲了都必须是真话。

朋友没有对不起我，我也永远不能做对不起他们的事情！我们回去，从零开始，建一个我们这辈子都不会后悔的公司。

誓言与灵感

在离开北京的前一个礼拜，我们18个人一起去游长城。除了我陪杨致远去过一次长城之外，大家都没有去过。当时在长城上面，大家的心情特别沉重，其中一个号啕大哭，对着长城大声喊：为什么，为什么我们做了那么多，我们赢利那么多，但还是没有做成我们的事业。那一年我们的净利润是270多万，但我们却一分钱都没有分到。

创办阿里巴巴，就是我从北京长城和新加坡的旅行中得到的灵感。那天在长城上面做了两件事，在长城上面我们发誓这辈子一定要做一家让中国人骄傲的公司，我们把钱、把名、把一切都搁在一边，只专注做这一件事。

第二件事，我发现长城上面很多地方都写着"张三到此一游""李四到此一游"，我发现这是中国最早的BBS，所以想从BBS入手，阿里巴巴最早是从BBS着手的。

我们走的时候在外经贸部边上的一家饭馆里吃饭，结果留下来结账的那个人哭得一塌糊涂，搞得边上一个大妈以为他失恋了。

那天晚上在一起，就像我们从杭州去北京一样，醉倒以后，我们开始唱老歌，唱《真心英雄》，我们要重新开始。

"全球化的名字。"

要做这样一个电子商务的网站，做进出口贸易，那必须是全球化的。网络必须是全球化的，我要起一个全球化的名字。

因为最早创立阿里巴巴的时候，我们希望它能成为全世界的十大网站之一，也希望全世界只要是商人一定要用我们的。既然有这样一个想法就需要有一个优秀的品牌、优秀的名字，并且让全世界的人都记得住。有一天，我记得我在旧金山出差，我在街上发现阿里巴巴这个名字蛮有意思的，然后脑子里就有想法了。后来边上有一个女服务员送咖啡过来。我问她，你知道这个阿里巴巴吗？她说当然知道了。我问是什么意思，她说"open sesame"（芝麻开门），我觉得很有意思。然后我在街上找了六十几个人，各个国家的人，每一个人我都问，你知道阿里巴巴吗？他们都知道，而且都能讲到芝麻开门。一听阿里巴巴这个名字，很多人都会笑：奇怪，怎么这么奇怪的事情，你就省下广告费了。

我们觉得阿里巴巴这个名字很好，首先人家记得住，全世界的发音都一样。然后我觉得阿里巴巴是一个比较善良正直的青年，他希望把财富给别人而不是自己抓着财富。所以我们后来说这英文叫 open sesame(芝麻开门)，给中小型企业网上芝麻开门。

从我外婆到我儿子，他们都会读阿里巴巴。阿里巴巴不带有本国色彩。

输也是输自己的钱

我的梦想是建立自己的电子商务公司。1999 年，我召集了 18 个人在我的公寓里开会。我对他们讲述了我的构想，两个小时后，每个人都开始掏腰包，我们一共凑了 6 万美元，这就是创建阿里巴巴的第一桶金。

这次我们一起创业，虽然是站在同一条船上，风雨同舟，但有几个原则必须坚持：第一，你们不能向父母借，不能动老人的退休金养老钱；第二，你们不能向亲戚朋友去借，不能影响人家一辈子的生活。我们都是愿赌服输的人，即使真输了也是输自己的钱，大不了我们再重新开始，但绝不能让家人跟着一起遭殃！

我们必须准备好接受"最倒霉的事情"。但是，即使泰森把我打倒，只要我不死，我就会跳起来继续战斗。

全新的构思

过去工作的经验告诉我，任何事情的发展如果没有商业在背后支撑，很难持久。而资讯科技的发展绝对不是一个游戏，因为如果只是游戏，有一天游戏会结束。资讯科技的发展是一场革命，它将改变商业的方式，改变人类生活的方方面面。

如何完成阿里巴巴网站的构思呢？我没有想到在海外很多人研

究我，当时的新加坡政府在亚洲组织了一个电子商务会议，会议组织者邀请我作为中国内地唯一的参与者。我觉得应该请一个老板去，不该请我这样的一个人去啊。组织者说，是他们的调查机构做的。

当时我就去了，但是我也没有接触过电子商务，去了之后发现，演讲者有 80% 是美国人，参加者也有 80% 是美国人，100% 讲的是亚马逊、eBay、AOL、Yahoo。

明明是亚洲的电子商务论坛，可参加者十之七八都是欧美人，讨论中使用的都是美国的案例，我在想，这其中一定是出了问题。亚洲的电子商务是不可能完全从欧美翻版过来的。

美国的电子商务主要是企业对个人的电子商务，这是因为美国几乎所有人都用信用卡消费。而在中国有很多因素阻碍信用卡的发展，我们的银行制度不完善，我们的基础设施不够好，更重要的是中国人的思路跟美国人不一样，美国人做生意时首先认为你是好人，你要是做了坏事的话你就是坏人；而中国人做生意是防人之心不可无，先认为你是个坏人，做了几件好事以后，彼此逐渐有了感情，然后彼此才相互信任。这是一个很大的区别。

在回国的路上，我觉得中国一定要有自己的商务模式，是不是 eBay 我不知道，是不是 Yahoo 我也没有看清楚，但是如果围绕中小企业，帮助中小企业成功，我们是有机会的。

1999 年我们构思阿里巴巴的时候，对中国经济是这样判断的：第一，对大局的判断。中国加入 WTO 组织只是时间问题，WTO 组织如果缺乏中国这个组织是不可思议的。中国企业可以到国外做生意，我们可以建立帮助中国企业出口、帮助国外企业进入中国的网站，这是我们的第一个构思。第二，我们认为推动中国经济高速发展的是中小企业和民营经济，我们要帮的永远是那些需要自己帮助的企业，自己能够帮助的企业。中小企业使用电子商务这是他们的趋势，而不是有些大型企业使用电子商务是为了炫耀。所以帮助那些真正需要帮助的人，帮助那些需要帮助的企业，这是我们最早的构思。

当时我们觉得中国的内贸还要一段时间才能做起来，而出口却有很大的前景。从第一天起，我就要做一个全新的企业模式，做一个全新构思。

弃鲸鱼而抓虾米

弃鲸鱼而抓虾米，放弃那 15% 的大企业，只做 85% 的中小企业的生意。

亚洲是最大的出口基地，我们以出口为目标。帮助中国企业出口，帮助全国中小企业出口是我们的方向。我们必须围绕企业对企业的电子商务……

我从新加坡开会回来时就决定：电子商务要为中国中小企业服务。这是阿里巴巴最早的想法。

国外的 B2B 都是以大企业为主，我以中小企业为主。鲸鱼有油水，资金、人力、技术都很充足，像 Commerce One、Ariba 这样的欧美公司来到中国，它们的目标是找鲸鱼。可是中国没有多少鲸鱼，即便为数不多的那么几条鲸鱼，还有些是不健康的，贸易流程不一样，信息化程度低，等等。

如果把企业也分成富人穷人，那么互联网就是穷人的世界。因为大企业有自己专门的信息渠道，有巨额广告费；小企业什么都没有，它们才是最需要互联网的人。

中小企业特别适合亚洲和发展中国家，发达国家是讲资金讲规模，而发展中国家在信息时代不是讲规模而是讲灵活，以量取胜，所以我们称之为"蚂蚁大军"。阿里巴巴每年的续签率很高，要知道中小企业的死亡率都可以达到一成，它们续签首先说明它们已经存活下来了。

无论是在"中国黄页"还是在外经贸部做客户宣传的时候，会见一个国有企业的领导要谈13次才能说服他，而在浙江一带去3趟就可以了。这让我相信：中小企业的电子商务更有希望，更好做。

亚洲是全球最大的产品出口供应基地，中小型供应商密集，但众多的小出口商由于渠道不畅，只能被大贸易公司控制，而只要这些小公司上了阿里巴巴的网就可以被带到美洲、欧洲。

我们异军突起后，就成为全世界B2B领域里的第一位，无论访问量、客户数量都是第一位的，原因很简单，美国都是为大企业服务的。在我想来，要为大企业服务是很难的：第一，等到它搞清楚怎么做的时候，它往往会自己做，它会把你甩了；第二，美国的电子商务都是为大企业省钱，我觉得中国要为中小企业服务，因为中国中小企业很多，中小企业最需要帮助，就像你可以造别墅，但客户群是有限的，但当你造了很多公寓的时候，就有很多人愿意住，所以我是造公寓，为中小企业服务的。中小企业你不能去想办法帮它省钱，因为它的钱已经省到了骨头上面了……为中小企业服务的思路是帮助它们赚钱，让它们通过我们的网络发财。

小企业好比沙滩上一颗颗的石子，但通过互联网可以把一颗颗石子全粘起来，用混凝土粘起来的石子们威力无穷，可以与大石头抗衡。而互联网经济的特色正是以小搏大、以快打慢。

现在的经济世界，大企业是鲸鱼，大企业靠吃虾米为生，小虾米又以吃大鲸鱼的剩餐为生，互相依赖。而互联网的世界则是个性化独立的世界，小企业通过互联网组成独立的世界，产品更加丰富多彩，这才是互联网真正的革命性所在。

封闭式创业

1999 年回到杭州以后，我们自己商量决定，6 个月之内不主动对外宣传，一心一意把网站做好。

6 个月内，我们要造一艘船，这就是阿里巴巴。还要训练一支船员队伍。起航出港后，天气好我们会跑得很快，但如果碰到狂风暴雨，才发现船造得不牢固，船员队伍不够坚强，大家都将随着这艘船一起沉没。

我们当时没有电话，也没有传真，只有一个在美国的地址，我们不想告诉别人我们是中国公司，那样在全球化拓展过程中，大家会认定你是三流企业。

1999 年刚开始的时候，我们说阿里巴巴避开国内的"甲级联赛"，直接进入海外市场。我当然是帮助中国企业出口。谁买中国产品？肯定是海外的买家。所以我们这儿让很多企业先成为买家。最简单的想法就是：我认为办一个市场就是办一个舞会，舞会里面有男孩子、女孩子，如果要把他们都请进来很难。所以我们的策略就是先把女孩子请来，再把好的男孩子请进来，这个市场就越来越大了。在欧洲、美国我做了很多的产品，让大家知道中国会成为世界的制造基地，希望在网站上进行交易。

我们极其挑剔，仅一个主页面就改了 16 稿。

在网站的营销上，因为我们当时完全处于一个对外封闭的状态，同时也没有钱来像门户网站一样做营销，所以所谓的营销就靠手动到各种网站、BBS 上去贴帖子介绍。不过当时的网站比较少，而且网民的好奇心也很大，发现一个有链接的新奇网站往往有不少人会跟过来看一看。因此，阿里巴巴的流量慢慢就大起来了。

我们第一次见媒体是在 1999 年 8 月，美国《商业周刊》杂志不知通过什么途径，找到了阿里巴巴。他们要来采访，我们拒绝采访，后来他们通过外交部，再通过浙江省外办，一定要让我们接受采访。

我们把《商业周刊》的记者带到居民区，他们很怀疑。门一打开，二三十个人，在 4 居室的房间里面，干什么的都有。他们感觉阿里巴巴这时候有 2 万会员了，名气很大的，应该是很大的公司。最后我们拒绝发表他们写的报道。

《商业周刊》的记者说有人在我们这个网站上发布消息，说可以买到 AK-47 步枪。这消息把我们吓了一跳，可是我们找遍网站所有的消息也没有找到这条买卖信息。按说也不可能，根据以前的经验，我们知道互联网最大的问题在于可信度，所以从一开始我们就立下规矩，对所有在阿里巴巴上发布的信息都经过人工编辑，这一规矩从免费会员时代一直坚持到现在，因此我相信这样的信息是不可能存在的。不过像《商业周刊》这样的杂志一报道还是把我们吓了一跳，因为它很少乱讲话。

上《福布斯》封面

2000 年，我们在上海做活动，《福布斯》的记者要来采访，我们同意了。我很钦佩《福布斯》的专业精神，那个记者在杭州的 3 天，所有费用都是《福布斯》出的，包括住房、用车和打电话，我们只是在他来公司的时候请他吃了几次盒饭。而在做稿子之前，他用电子邮件发过来 100 多个问题并和我们落实报道中所有的细节，要求我们回答"是"或者"否"。

这是我所碰到过的最细致的报道方式。

我与他谈话中提到的新加坡、澳大利亚的朋友，他都去调查了。1 个月后，在香港街上看到杂志，才知道《福布斯》把阿里巴巴评为全球 B2B 最佳网站，把我弄上了封面。

《福布斯》报道我们是好事，但也给我们很大压力。本来我们可以悄悄发展，《福布斯》一登，我们成了全世界关注的焦点。我们并没有把此事当成里程碑，也并不认为阿里巴巴的目标已经达到。阿里巴巴当时没有本钱骄傲，它才 18 个月，还是个孩子，只不过它比别人哭得响点，翻身多了点，有点古怪。我们还有很多事情要做。阿里巴巴下一个目标是让客户在网上赚到钱，并摸索出自己赚钱、持久赚钱的模式。

现在，我们可能要打一架，并且这一架要打得狠狠的，但不是为我自己或阿里巴巴。

阿里巴巴被《福布斯》评为全球最好的 B2B 商业网站。但是，北京的一家很有影响的青年报，在毫无根据的情况下刊登了一篇文章，含沙射影地说这个封面是我们去买来的。

为我马云，这个冤枉我一定吞下去；为了阿里巴巴，我们也可以吞下去；但是为了中国新兴的 IT 产业，这个架我们一定要打下去。

有些中国人自己看不起自己的产业，看不起中国人的企业，看不起自己的企业家。他们觉得好像我们上这个封面就有可能是假的，其他的外国公司上这个封面就是真的，我们不能忍受这个，这一架我们是一定要打的。

大家都说，谁都不敢挑战媒体。我就是要去挑战媒体，我就要去跟他讲，媒体就应该客观公正。

今天，我们正代表着一个新兴的产业，正代表着中国的企业，奋力起来，依靠中国人的智慧和艰辛努力，挑战世界，向世界的最高峰冲刺。在这个时候，有个中国人上了《福布斯》封面，就被认为有可能作弊。

这是一种悲哀。

如果中国人都是这样看的话，中国的企业到底还有没有希望？我们中国企业其实也不输给别人——以前是没有改革开放，我们封闭，所以我们中国的企业没有这种参与全球评比的机会。

所以，为了中国新兴的 IT 产业，我是要去打一架的。阿里巴巴要替 IT 产业去打一架，打到底，除非他们给个正确的说法。

我也不怕媒体联手骂我，反正我皮也厚了，抗击打能力也强了。正如人家骂我，骂我怎么样，骂阿里巴巴是不赚钱的。我对他们说，你说吧，阿里巴巴就是不赚钱，你想要把我怎么样？我自己在做什么我自己知道。这类责难与冤枉对我来说已经是家常便饭了。

绕不开的资金流

我们为什么要解决支付问题，是因为支付手段是交易体系中一个重要的组成部分。我是这么看的，信用要走到最后，还要看你在这上面做了多少生意。否则你说你好，我说我好，但两个人都没有做过生意，那是徒劳。所以，支付体系是这里面的重要部分。

对企业来讲不能等到环境好了以后再去做，因为好了以后轮不到你了。对阿里巴巴来讲我们一直走自己的路，从做 B2B 开始，我们是独创的，做 C2C 别人认为是不可能的事情，好像阿里巴巴、淘宝没有机会赢，我们是按照自己的模式走。

支付宝也是一样，如果说中国电子商务往前走一定要解决信誉的问题，但是今天不能等银行去做，等中国的银行准备好做电子商务可能 5 年以后，5 年以后中国的电子商务跟欧美距离会越来越远。

当你坚持做一件事的时候，你会发现很多问题根本绕不开。在阿里巴巴创办 3 年后我们开始推诚信通，因为我们意识到如果诚信问题不解决，网络生意就是瞎掰。支付问题也是一样。事实上支付宝不是为淘宝设计的，从 2001 年诚信问题解决之后，我就开始考虑支付问题，一直想了 3 年。我们最初是想做一个为阿里巴巴服务的平台，但一直没有找到合适的时机出招。直到有了淘宝，因为当时它的交易量比较少，我们觉得可以做一做，就杀进来了。

安全的支付工具

我们看过了几乎所有国内外电子商务的支付工具,到现在《Paypal War》这本书还放在阿里巴巴很多人的案头。但我们认为,那些都不适合于中国现在的国情,我们必须重建一个。

我们推出"支付宝"的时候被易趣的人认为很愚蠢,因为他们三四年前尝试过,失败了,所以他们认为这一条路是不会成功的。但对我来讲,我不在乎谁尝试过,我只在乎这个东西管不管用。谁失败了,不重要。不管怎样,我要做的就是解决安全支付的问题。

"支付宝"能最大限度地给予交易双方安全性保障,降低双方的成交风险。买家更加省心,因为是收货后卖家才能拿到钱,所以不会发生货款被骗的事情。而对卖家而言,使用"支付宝"的卖家更能获得买家的信任,交易资金实时划拨,只需通过网络,点点鼠标就可完成交易,不用每次跑银行查账,管理账目也更轻松。

我们去找银行,首先找的是工商银行杭州分行下的西湖支行。没想到他们的热情很高,西湖支行方面仅仅几天后就帮我们约到了总行企银部的人员来进行洽谈,而且很快就把这个设想敲定下来。

这个量大到什么程度呢?当时支付宝还刚刚推出,但每天的交易笔数已经达到了两三万,而银行那边每个柜员的日处理能力大概是 200 笔左右。也就是说,一天下来支付宝需要银行处理的账务需要 100 到 150 个柜员的工作量。这已经完全超出了杭州任何一个储蓄所或者分理处的处理能力。所以,工商银行杭州分行动员了它网点中好几十个储蓄所和分理处来帮助处理支付宝的账目。每天银行都派专人到我们的办公地点来拿我们整理好的支付宝的对账单，然后马上用专车送到各个网点上，让他们分工处理。

淘宝推出的支付宝2004年已经和四大国有商业银行及招商银行系统完成了无缝对接，因此可以为交易双方提供安全的资金支付平台。而支付宝与VISA的合作，更是把这种安全的支付手段推向全球。当时做支付宝的时候，大家说这是一个很傻的担保服务。张三要从李四那里买点东西，但是张三不肯把钱汇给李四，李四也不肯把货给张三，所以我们就开了一个账户，跟张三说，把钱先汇给我，如果你对货物满意，那我付钱给李四；如果你不满意，你退货，我退钱。人们说，你的这个模式怎么这么傻啊？但是我们不关心这个模式是不是傻，我们关心的是客户是不是需要这样的服务，我们是不是满足了客户的需求。如果这东西很傻的话，今天（2011年）中国就有超过6亿的注册用户在用这个傻东西。

傻的东西，如果你每天都改善它一点，那它就会变得非常聪明。所以今天支付宝很好，我们还在成长。支付宝跟Paypal很像，但是从交易量来说，我们比Paypal更大。

让诚信商人先富起来

诚信已经成为今天全社会关注的问题，更成为虚拟商界最为关注的问题。电子商务发展到今天，企业对B2B电子商务提出新的要求，无论是现实社会，还是虚拟社会，商人的诚信绝对是必不可少的，一个商务体系如果缺少诚信，是不会发展的。

诚信是摆在中国电子商务面前的一道阻力、一座独木桥，必须要过。电子商务公司要想成功，要做今天能做得到的事，也要做明天必须要面临的事，必须要想后天美好的日子，但是今天的事情必须要解决掉，明天做什么要准备好。

那天是周四，下午 6 点我们在网上发布了信息，晚上 11 点把"诚信通"正式送到网上，我们就焦急地等待。第二天早上，我们惊喜地发现已经有三家企业在网上订购了"诚信通"产品。这三家企业一个是坦桑尼亚会员，一个是日本会员，一个是美国会员。

我要推"诚信通"的时候，无论是公司内部和外部，他们说马云你在开玩笑。2300 元（最初"诚信通"售价 2300 元）就可以诚信了吗？那个时候我压力是很大的。在公司开会的时候，我做了一个决定，如果我们推"诚信通"，我愿意去接受"诚信通"的考核，因为它里面有一套体系。我当时表示，如果阿里巴巴的网站不能坚持这个诚信，哪怕我们阿里巴巴只有两个"诚信通"会员，我自己也要去做一个"诚信通"会员。所以后来我们一直走下去，我们的会员越来越多。很多会员在自己的名片上印了"诚信通"，日本的会员问你的第一个问题是你是不是"诚信通"会员。

2001 年提出来"让诚信的商人先富起来"后人心惶惶，100 万人的免费商人社区，做"诚信通"的就只有 1 万人。我们现在购买"诚信通"服务的电话多得接不过来，这也是我们拼命招人的一个原因。每一个加入"诚信通"的会员都要进行认证，都要仔细交谈，这个工作比较繁琐。我们 2001 年底开始续单，在阿里巴巴做得好的企业就会续单，我们问企业续 1 年还是 2 年，我们最多只能续 2 年。现在一次性续单 2 年的企业占了 80%。

　　"诚信通"已经被企业认同，具有价值。我相信这两年在网上没有诚信做不成交易，商人的天性就是没做之前说事成之后提多少给你，真做成了他会想尽办法躲开你，每天要像猫捉老鼠一样。小企业利润就这么多，他会想尽办法绕过你，大企业自己会置一套设备。我觉得电子商务信息交流之后，发展交易一定要过诚信的独木桥，没有诚信就实现不了。为了确保会员的质量，我们规定了必须提交250美元的审查费。作为尝试，我们向最早成为阿里巴巴会员的1000家公司发出了审查通知，仅前4天就有600家公司递交了申请，在一个月内有700家公司通过了审查。

　　电子商务有两种，一种是自愿性的，一种是强制性的。诚信的建立无疑是属于后一种。所以我要求阿里巴巴会员使用"诚信通"，就像医生强制将病人的嘴巴扒开往里灌药一样——这种东西吃了对你有好处。

　　电子商务的问题不是技术问题，而是诚信问题。诚信是每个企业必须经过的独木桥。3年后，阿里巴巴将推出诚信档案，诚信档案上会有交易记录，并且有其他企业对该企业的评论。可以这么说，3年以后，如果没有诚信档案，别的企业是不会和你做生意的。企业可以有"财政赤字"，但是千万不能有"诚信赤字"。

　　只能是"诚信通"客户才能进行诚信的评论，每一次评论都有详细的记载，到目前为止还没有竞争对手在记录中被恶意中伤的事情发生。如果你的记录里有不好的记录，我们要张榜公布出来的，你做了坏事，我们就让你活着比死了还难受。

　　大家知道以前商业信用很重要，但它不会带来钱。今天在淘宝上面，信用越高，你钱赚得就越多。你们发现卖家们炒信用，拼命要好评，从来没有那么认真过，为什么？因为它可以带来财富。

这是我们对中国商界一个很大的贡献。好好做企业，好好做生意，拥有良好的信用，你的企业就会好起来。

第十章

电子商务没有边界

● 梦想，永不放弃 ●

马云写给迷茫不安的年轻人

电子商务没有边界

电子商务是没有边界的，什么 B2B、B2C、C2C，都是人为制造的界限，个人对个人的交易做大了，就是企业对企业的交易，企业对企业的交易量比较小的时候，也一样可以看作是个人行为。如果说这个人为的边界现在还存在的话，那么我敢断言，5 年、10 年以后，绝对不会再有。

2002 年底我们在东京考察的时候与孙正义会面，他与我们一见面就说："eBay 和你们的平台是一样的。"这一句话让我很惊讶，为什么我们的看法竟然会如此巧合？

当时在所有人的眼中，eBay 还是非常强大、似乎不可战胜的，但是孙正义给了我们信心。他告诉我们 NO，不是这样的。在日本，雅虎日本已经战胜了 eBay。接下来就轮到中国了。

也就是说，用 eBay 的平台来做 B2B，只是时间问题。

打架就得在别人家里（意指 eBay 所在的 C2C 市场）打，打不打得赢没有关系，至少能把别人的家里打得乱七八糟，把家具都给砸烂了；打得赢当然更好，那 eBay 在中国市场上就难以壮大。

如果说我不采取任何行动，三五年之后等到 eBay 进入 B2B 市场，它的钱比我们多，资源比我们多，全球品牌比我们强，到那个时候对阿里巴巴来说，就是一场灾难。当时的情况就有些像这样，我们拿起望远镜一看，看到有一个兄弟长得和我一模一样，块头还要大很多，吓了一跳。可是对方却根本不知道我的存在。当时在 eBay 的眼里，我们根本就什么都不是。我觉得，这可以让我们占一个先手，eBay 的漠视对我们来说是一个最好的机会。

当时 eBay 已经收购了易趣 30% 的股份，以 eBay 一贯的风格来看，全额收购只是迟早的事情，当时易趣在中国市场的占有率非常惊人，达到了 90% 以上。但是，我算一笔账你就明白了，当时中国的互联网用户是 8000 万，而易趣 90% 的市场份额带来的用户只有 500 万。OK，这 500 万全部归你，我不要，我只要当时 8000 万用户中剩下的 7500 万。这还是当时的互联网用户的数字，这个数字到今天早已经过亿了，可见这个市场有多大。

既然 B2B 在中国能够成功，我想在大环境改变的形势下再试试 C2C，在全球范围内，基于个人网上交易服务的模式已经成为互联网产业最为重要的领域，美国的亚马逊、eBay，日本雅虎均在行业内具有举足轻重的地位，以中国上网人口的庞大基数，中国也应该有可能造就一个巨大的个人网上交易市场。

相对 B2C、C2C，我更看好 C2C，所以我们先进入 C2C。我们认为，电子商务今后很难再标准地分为 B2B、B2C 或 C2C，电子商务实际上是一个平台，我们一直在建立一个平台，我们既然可以建一个 B2B 的平台，为什么不可以建一个 C2C 的平台，所有的技术和构思都差不多。另外，阿里巴巴有很多别人没有的东西，如团队、技术、品牌、强大的资金准备等。

模式没有好和坏之分，任何一个模式都可以做得很好，天下饭店很多，有的饭店就是亏本，有的饭店很好，所以我觉得 B2B、C2C 都不错，我们发现整个中国电子商务在 C2C 方面发展更大，我本人认为，现在公司也认为，在未来几年以后，中国电子商务将会突破 B2B、C2C 的概念。各种电子商务形态在未来都将融合在一个大平台上运行。连通 B2B 和 C2C 平台之后，一种全新的 B2B 模式将会产生。

一旦两方面都成熟了，B2C 是很自然的事情，并且我本人一直认为在未来的电子商务中不存在这些区分，都是相互联系的。

秘密的核心队伍

正式组建团队是 4 月 14 日，我们找了一些小姑娘、小伙子，并不是因为他们能力很强。我们决定做网站的时候把这些人叫进来，做心理测试。我、关先生、副总裁、人事总裁坐里面。

当时就讲，现在公司有一件秘密任务需要你去完成，任务很艰巨，时间也很长，也许有两三年的时间，你可能都回不了家。而且，我们不能承诺任何东西，只能保证在你执行这项秘密任务期间，你的待遇福利绝对不会比以前低。现在还不能告诉你这项任务的内容是什么，可是这项任务对于我们公司的前途，具有非常重大的意义。如果你愿意加入这个小组，就把桌子上的这份文件签了。

看他们的表情，这些人基本上在一分钟内说愿意。然后我们拿出这么一份英文合同请他们签字。这个里面只有说你如果透露秘密的话我们将怎么样，都是不好的东西，而且签下这份合同意味着离开阿里巴巴。

相信所有人都是稀里糊涂地在这个文件上签了字。而他们就是淘宝网站制作的核心队伍。我们当时想的是完全秘密地去把淘宝制作出来，因此他们应该是在制作过程中被完全隔离的。

当然我先带头签那个字，他们看我们几个签字他们也签字。我对他们说，好好干，做砸了也没关系，随时欢迎回到阿里巴巴公司来。

因为我们想了解淘宝出现后用户真正的反应。如果知道背后有一个阿里巴巴在支撑，用户们对淘宝的感情肯定不会被如此准确地测量出来。

淘宝网：横空出世

想出淘宝网这个好名字的同事，有功；孙彤宇把这个名字写在纸上没有划掉，一起拿来给我看，有功；马云选中了这个名字，也有功。淘宝网刚问世的时候，网上没有产品，我们只好自己人凑产品，每个人必须从家里找出 4 件产品，我们翻箱倒柜，总共找了 30 件东西。然后就在网上你买我的东西、我买你的东西，大家都去造人气。

2003 年 5 月 10 日，我被隔离在家里，我们说好这一天要推出淘宝，我在空中举了举杯，十几个知道这件事情的同事在空中举了举杯，说保佑淘宝一路顺风。

当天晚上 8 点钟淘宝出现。它最上面有句话是：纪念在"非典"时期辛勤工作的人们。那时候阿里巴巴 500 多人全部被隔离在家里。在 6 月底我们公司的内部网上面，有一篇文章出来，这个员工也给我写了封信,他说马总请注意阿里巴巴有对手了,这个对手叫淘宝网,它现在很小,但是要高度关注它。

我又不好意思说也不能回答。过了一个星期以后,我们的内网上面有很多帖子跟上来,全公司就讨论,请注意有一个网站叫淘宝网,现在的访问量非常小,估计也就几个人在做,但他们的思想跟我们阿里巴巴惊人地相似,它是做市场,它客户第一,甚至好像还有一个使命感在这里面。这让公司非常惊奇,大家就讨论,最后有一个员工说:"你们难道没有发现我们公司少了六七个人吗?"

议论越来越多,可是我们不作声。最后,终于有人把网上的议论搬到了网下来。几天以后,我注意到有人在我们的休闲吧里议论这件事。而此时已经有人对阿里巴巴高层在此事上的麻木不仁感到了愤怒。他们为什么会对这样一个网站不闻不问?已经有人在这样问了。

7月10日,我们实在熬不住了,就对外宣布淘宝网是属于阿里巴巴的,全体员工本来担心淘宝网是竞争对手,但是eBay没有发现这是它的竞争对手。

淘宝网还没有清晰的模式,一切要到3年后才能见分晓。

你不可能规定自己的孩子长大后做什么,所以我也不给自己的"孩子"做什么定位,淘宝网以后发展成什么模式,我是真的不想固定下来。而且我个人认为,在北京,人们习惯先做个概念,先扣个大帽子再做事;但是在杭州,我们是先做事情,再看看适合什么帽子。

我与一些美国投资者沟通交流,谈到阿里巴巴,他们都说很好,但说到我要做一个淘宝网,要打败易趣,那人听了10分钟就走了出去。没过一会儿,那人打开门,扔下一句"马云这次你肯定要输惨",走了!

成长得益于封杀

我们看中的是 3 年后的市场，1 亿元只是第一期资金。

我们制订了一个推广计划，但是到各大门户网站去谈投放的时候，几乎无一例外地碰了壁。他们告诉我们说，eBay 易趣在与他们签本年度合同的时候就附加了一个条件，不接受同类网站的广告。于是我们转向次一级影响的网站，碰到的情况也是一样。

现在敌人已经采取行动，要将我们扼杀在摇篮里，我们一定要想出其他的办法。

世界上不是只有一条路通向罗马。毛主席能想出农村包围城市这样创造性的军事理论，我们也可以拿来用一用。eBay 易趣不是控制了大城市吗？我们就到农村去，到敌人的防守最薄弱的地方去壮大自己。

eBay 易趣在新浪等大型网站拦截我们，他们认为那些大型网站拥有 70% 到 80% 的流量。但是我们相信中小型网站，它们同样有很好的流量，但是它们的广告量很少，所以对我们来说这更加便宜。它们会全力推广"淘宝"这个名字，以确保流量上升。

当时互联网上的小站点已经有了站长联盟，只要和盟主谈判，就可以一次拿下一批站点的广告投放。数量多了之后，就会有影响力大的网站开始让步，后来我们又拿下了相当于省级电视台广告联盟的一批网站。

有人说，由于淘宝做了弹出广告，导致各大门户网站对淘宝网进行封杀，其实是那些大的门户网站和 eBay 易趣签了独家广告权。所以，淘宝网有钱没有地方去，只好选择这些小网站。另外，弹出广告确实便宜。

在这些小网站上广告价格和浏览量之间的性价比会更高，因为这些网站收取的广告费相对低廉，但是流量并不像人们想象的那么小。淘宝纯粹靠这样的推广，就能够获得初期的流量，并且进入良性循环。这样的结果，其实一开始是出乎大家意料的。一直到现在，淘宝的广告在大门户网站畅通无阻了，在线下的广告也日渐多样化的时候，我们也没有放弃这种模式。这真的是一种非常有效的推广模式。

eBay 易趣的广告约束条款非常严厉，把禁投同类广告的时限一直延续到他们投放结束以后的一段时间。但几乎就是这个条款约束一到期，张朝阳的搜狐就开始与我们签订投放协议。到此 eBay 易趣对淘宝的封杀可以说已经结束。

淘宝能活下来，是因为我们的对手"臭棋"出得太多。华尔街一向认为，雅虎和 eBay 会所向披靡，但他们的战车在中国受到了阻碍。想想 5 年前，当当、卓越一味拷贝别人的模式，易趣也是如此。1 年半前淘宝网的杀入，才促进了易趣的成长，当然我们的成长也得益于竞争对手的封杀。

竞争对手是好老师

在输掉日本网拍（网上拍卖）市场后，eBay 说什么都不会轻易将中国这么大一块市场拱手让人。

淘宝整个注册资本当时只有一点点 (5600 万美元)，第一期投资 1 亿元人民币，我们的对手 eBay 当时市值 700 亿美元，难怪投资者听说我要跟它竞争都以为我疯了，所以说我是狂人，淘宝要跟 eBay 竞争，但是我觉得这个是学习嘛。

我和孙正义考虑的事情一样：孙正义把 eBay 赶出了日本市场，我在中国也有同样的机会。eBay 没有把我当作威胁，但对于 eBay 而言，它在中国市场会比在日本败得更惨。

永远要关注谁是你的竞争者。一家企业如果没有竞争很可怕、很孤独，并且是不会进步的。但是竞争者一般有四个问题：第一，你看不见。第二，你看不起，"根本不是我对手"。第三，你看不懂，你什么都用过了，最后还是不行。第四，你就跟不上，任何的企业，请关注一下你的竞争者。通过这四步，你有没有找到你的竞争群体，谁是你的竞争者。

竞争者是一个最好的老师，我认为选择优秀的竞争者非常重要，但是不要选择流氓当竞争者。如果你选择一个优秀的竞争者，打着打着，把他打成流氓的时候你就赢了。

所以当有人向你叫板的时候，你要首先判断他是一个优秀竞争者，还是一个流氓竞争者，如果是一个流氓竞争者你就放弃。但是在我们这个领域里，我首先自己选择竞争者，我不让竞争者选我，当他还没有觉得我是竞争者，我就盯上他了。所以我觉得在我们这个行业里，我自己的心得体会就是，你去选谁是你的竞争者，不要让人家盯着你，人家盯着你，人家一打你就跟着稀里糊涂地打。所以这几年人家在跟着我们模仿，但是不知道我们究竟想做什么，我选竞争对手的时候首先要看他们要去干什么，我在那里等着。

eBay 易趣 2003 年在中国下的"臭棋"太多，这给了我很多自信。但我清楚 eBay 易趣仍然是一个九段高手，下"臭棋"是因为起先没把淘宝当"成年人"对待。

而现在看起来，eBay 在收购易趣之后，特别想把易趣变成自己。它的 COO 是从德国派过来的，CFO（首席财务官）是从美国派过来的。完全想清楚是不可能的。

在江河里较量会赢

eBay 也许在海里是条鲨鱼，但我是长江里的一条鳄鱼。如果我们在大海里对抗，我肯定斗不过它，但如果我们在江河里较量，我们能赢。

建立淘宝的第一步是打防御战，但现在我们是在追赶他们了。

eBay 在全世界 23 个地区有网站，他们可以和全世界网络挂钩，这是很大的潜力。但遗憾的是，eBay 通过易趣进行"中美市场的接轨"，这件事情虽然是正确的，但却选择了一个错误的时间，也就是 2004 年 9 月 17 日。他们认为那是跟全世界接轨的时候了，是欢呼雀跃的时候了。那时我在公司跟同事开玩笑说，那是死亡之吻的开始。这件事是正确的，但他们选择了一个错误的时间。

果然，自从 2004 年 9 月 17 日 eBay 和易趣接轨后，导致大部分的客户逃跑。eBay 用的是美国完善的支付体系和信用卡体系，但我们没有完善的信用卡体系。他们对于"接轨"的思考太理想化，而眼前的现实是：我们在网上卖的都是五六美元的东西，邮费却要 20 美元。什么时候等中国的信用体系与美国的信用体系可以完美"对接"的时候，所谓的"接轨"才能够操作。不过这或许是 5 年甚至 10 年以后了。

说到 C2C，过去的 13 个月，我们的淘宝网站和 eBay 展开了激烈的竞争，现在在访问量、登录产品数和会员数上都超过了对方。现在他们的日子不好过了。

选择竞争对手一个最主要的原则是选择优秀的对手做你的竞争者，不要选择无赖做你的竞争者。你能够把一个优秀的竞争者打成无赖的时候你就成功了，如果你把一个无赖当对手"把他打成专业"你自己变无赖的时候，麻烦就大了。

中国的门户网站和广告公司应该感谢我，没有淘宝，eBay 不会投这么多广告。eBay 的广告预算，仅仅帮助了中国在线拍卖市场培养基础。去年 (2004 年)10 月，当他们宣称追加中国 1 亿美元投资时，我砍掉了 2/3 的市场预算，并且头 7 个月冻结了广告费用。

我办公室前面大楼上就是一个巨大的 eBay 广告，他们不过是希望我不高兴，但那不过是一种情绪反应。

我们希望 eBay 易趣在推广方面花越多的钱越好。如果 eBay 易趣不花这个钱，那么培育市场的工作就得淘宝来做，我们就必须花这个钱；现在易趣花了这个钱，把市场培育起来了，淘宝就只需赢过 eBay 易趣就行了。

竞争是一道快乐的小菜，但那不是做事情的"主业"，我们主要的目的是发展电子商务。淘宝网永远不会为竞争去设置产品，而是为了市场需求去设置产品，因为这样才能做得长久。如果因为竞争而去搞一个什么东西，当竞争结束时，所有的投入也就全部浪费了。

2005 年，中国电子商务必须有实质性突破，我们必须务实地去做这个行业里有用的东西，对公司长远有用的东西，而不是去作秀，也不是攻击对手。

eBay 易趣正在犯一个更大的错误，以前是不把淘宝网当回事，现在又太把淘宝网当回事。他们正在按照淘宝网的节奏"跳舞"，犯了兵家大忌。

如果淘宝成立时 eBay 易趣宣布免费，淘宝哪还能有今天。不管怎么说，第一个回合我们赢了，淘宝 2005 年 5 月一个月就有 8000 万美元成交量，一天有 7500 万访问量，远超过 eBay 易趣的 1500 万，800 万的商品数 20 倍于 eBay 易趣。

2005 年，我们的淘宝网也打破了一个神话：eBay 易趣战车在全世界范围内没有什么是打不垮的。在中国，eBay 易趣进入比我们早，实力比我们强。当时我们淘宝是一个零，但是它们（eBay）已经有很多的会员，任何的事情都是在运动变化当中，我们淘宝也很努力，我们今年（2005 年）的距离也迅速拉开，我们抢占了市场。淘宝上的交易量和整个的会员数、活跃度使淘宝网成为亚洲最大的 C2C 网站！

中国的企业今天要记住，不要害怕国外企业，淘宝的整个案例给中国企业一个很大的信心，就是说中国企业完全可以与世界一流的企业竞争。我坚信一点，中国电子商务市场一定比美国大，原因是中国有 13 亿人口，中国人让 3 亿人上网大概用了 5 年时间，美国整个人口只有 2.5 亿，要让 3 亿人上网，现在开始生孩子，20 年以后还生不出 3 亿来。所以我觉得电子商务是中国人的时代。

暂时不考虑赚钱

今天 (2004 年) 我们对 C2C 是大胆尝试，很多客户跟我们一起为淘宝的发展努力，我们付出的是时间和金钱，他们应该得到免费服务，因为培养电子商务市场除了我们的努力之外还有客户的努力。对于淘宝来讲我们希望通过 3 年免费服务了解客户的需要，思考怎么样能够做好服务，所以淘宝没有压力，所有淘宝人都明白一点：好好做服务，3 年以内不要考虑赚钱问题，只要考虑怎么让客户开心。

一口价、拍卖、买卖街这些模式我们都会采用，当然也会用易趣开始运行的收费策略，时机合适的时候我们会收费，很可能是 3 年之后。

有人说，要晚上睡觉都能挣钱的，那才是电子商务。我认为，真正晚上躺着睡大觉也能赚钱的，那是网络游戏。我们真正实现赚钱可能是未来三五年的事。现阶段，我们就是不喜欢赚钱，就是要做好电子商务，我们为淘宝网准备了 5 年的钱来烧，我希望到 2009 年，电子商务真正能达到网上交易。

淘宝网致力于打造中国最大、最可信的在线消费市场。通过继续免费服务 3 年，并投资 1.2 亿美元发展淘宝社区，淘宝可以巩固其市场地位，并通过推出新服务来满足中国电子商务市场的特定需求。通过 1.2 亿美元的投资，淘宝网将为加入淘宝社区的企业创造至少 100 万个就业机会。全世界只有一个游戏让人们乐此不疲，那就是赚钱。我也一直在说，不赚钱的公司是不能永久存在的，问题在于什么时候赚和用什么方式去赚。

阿里巴巴在路上发现小金子，如果不断捡起来，身上装满的时候就会走不动，永远到不了金矿的山顶；正确的做法是不管小金子，直奔山顶。现在阿里巴巴的营业额和四五年前相比有天壤之别。淘宝的收费需要有一点创新，我认为所有模仿的东西都不会超出自己的期望，Google 能达到超出人们期望的高度就是因为他们的创新，而全球最大门户网站雅虎美国也是自己创出来的。

之前我对孙彤宇下的命令是，淘宝网在 3 年内不许赢利；而现在，我对淘宝网的期望是，3 年以后为中国创造 100 万个就业机会。这是我希望淘宝能够做到的。至于什么时候赢利，用什么方式赢利，我现在还不知道，但是将来我一定会知道。

倒立着看世界

因为在平时，我们很少会意识到，那些看起来强大的事物，如果倒过来看的话，就并非那么强大了。所以淘宝的理念是，首先要健康，其次，要换一种角度来看 eBay，它看起来很强大，但是如果倒过来看，eBay 一点儿也不重要，我们可以这样做，也可以那样做。

所以这就是我们用不同的方式，用我们的方式看世界的结果。这是"倒立"的意义。

eBay 的长处是资本、人才和对未来电子商务的理解，而淘宝的优势在于对中国的人才和中国市场的理解。当初 eBay 曾说要用 18 个月灭了淘宝，而现在我们要说，我们再给易趣一个月的时间，如果我们的对手还是没有发现和纠正自己存在的缺陷和错误，那么它将丧失最后的机会。可以说 eBay 是个伟大的公司，适应能力非常强，但是现在易趣和淘宝不在一个级别上，淘宝的对手是 eBay。

中国的企业今天要记住，我们不要害怕国外企业，淘宝的整个案例给中国企业一个很大的启发，就是说中国企业完全可以与世界一流的企业竞争。淘宝整个注册资本当时只有一点点，第一期投资 1 亿元人民币，我们的对手 eBay 当时市值 700 亿美元，难怪投资者听说我要跟它竞争都以为我疯了，所以说我是狂人，但是我觉得这个是学习。我坚信一点，中国电子商务市场一定比美国大，原因是中国有 13 亿人口，中国人搞 3 亿人上网大概 5 年时间，美国整个人口只有 2.5 亿～2.6 亿，要搞 3 亿人上网，现在开始生孩子，20 年以后还生不出 3 亿来。所以我觉得电子商务是中国人的时代。

今天 eBay 易趣跟我们的距离已经很大了，目前我只关注淘宝如何更好地去培育好市场、建设好我们的品牌、做好我们的服务。

一万亿元的大淘宝

淘宝成长得太快了，而且会越来越快。这对我们来说是个挑战，因为我们从没运营过这么大的公司。我不喜欢"帝国"这个说法，帝国的做法是你不加入我，我就杀了你，我不喜欢这个模式，我相信"生态系统"。我是大自然保护协会的董事。我相信每个人都要跟其他人发生联系，彼此互相帮助。淘宝发展得太大太快，为此我很担心。我们可以给这个行业更多机会、更多竞争，所以在 2011 年 6 月，我们把淘宝拆分成 4 个部分，变成更小一些的公司，可以给其他竞争者以机会。如果 10 年后，我们还是非常大，我还会再拆成 3 个部分。我要确保，我们把大公司运作得像小公司一样，给其他的人，尤其是年轻人机会去经营他们的生意，因为这是他们的年代。淘宝就像腾讯、Google 和 Facebook，它不是一间中国的公司，不仅仅属于中国或者美国，它属于 21 世纪这个时代。你需要用不同的方式去运作这个公司。坦白地说，最好的方法是什么我也不知道。我们做好了承担错误的准备，我们相信我们是在一个生态系统中，而不是在一个帝国中。

我记得 2003 年第一次开始思考做网商大会的时候，2003 年整个淘宝的交易额不到 1 亿元人民币。而 2012 年，淘宝网的交易额会过 1 万亿元，是 2003 年的万倍，网商从一个概念到今天落地，到今天变成中国一个主要的商帮力量，在改变着、影响着中国。大家知道 1 万亿元是什么概念，这 1 万亿元意味着中国排名第 17 的省的 GDP，全中国 GDP 超过万亿元人民币的省只有 18 个，去年整个陕西省的 GDP 就 1 万亿元。

这世界不缺互联网公司，不缺赚钱的公司，但缺一个有理想的公司，缺一个对人类社会有贡献的公司。我具体提了一个数据，我说淘宝有希望成为中国第一家市值超过 1000 亿美元的公司！

第十一章

我的融资心得

● 梦想，永不放弃 ●

马云写给迷茫不安的年轻人

被资本控制的遗憾

在推广中国黄页的时候，在寻找投资者的时候，我犯了一个错误。我们当年跟中国电信在浙江的分公司杭州电信发生了竞争。当时他们做了一个网站，名字也叫中国黄页，只是将域名改成 chinesepage. com，他们切割了我们的市场。

它的注册资本是 2.4 亿元人民币，我的中国黄页注册资本是 5 万元人民币，我们竞争得非常惨烈。它是国企，我那时候叫个体户，个体户玩高科技，在 1995 年的时候客户一听（认为）肯定不行，所以我们几乎很难竞争，但是我想我们的竞争还是成功的，我明白一点：大象是很难踩死蚂蚁的，只要蚂蚁躲得好。

我们与杭州电信竞争了大约一年，杭州电信的总经理表示愿意出资 18.5 万美元和我们组建合资公司。我还从来没见过那么多钱。当时脑袋一拍就干了，最后在董事会里面他们是 5 席我们是 2 席。1995 年底我们成立了合资企业，然后灾难就来了。

因为竞争不过你，才与你合资，合资的目的是先把你买过来再灭掉，然后去培育它自己的 100% 的全资黄页。

做 .com 公司犹如养孩子，而杭州电信想赚现钱，你不可能让 3 岁小孩去挣钱吧！

遗憾的是，杭州电信在公司董事会中占据了 5 个席位，而我的公司只有 2 个席位，我们建议的每件事他们都拒绝。

从那时候开始我就有一个坚定的信念，今后我再创办公司的时候永远不会去控股一家公司，让被我控股的人感到痛苦。很多人在经历这样的事情之后可能是做了一个相反的动作，很多创业者说我要控股别人。

但是我想到的是一个创业者多么痛苦，你想做的事情不能做的时候你是很难过的，倒过来，今后你做投资者的时候，一定要给下面充分的理解和支持，所以直到今天我没有控股过阿里巴巴一次。我为此感到骄傲，我说今后控股这家公司的是智慧而绝对不是资本，一个企业家被资本控制的时候就没有希望了。资本是为企业服务的，企业不能为资本服务。现在企业能够把钱变成更多的钱，资本能够找到很好的项目，所以双方之间是平等的。资本是更好的工具，但是不能为工具丢掉了你第一天就想做的事情。

跟基金经理们说 "NO"

就在我们的封闭期里，国外的记者也来过几拨，每一次都会带来流量的增加，同时还会带来投资者。

第一个找我的是浙江的企业，他说我们可不可以合作一下。我给你 100 万元，明年你再给我们 110 万元。我说你比银行还黑。

我们认为阿里巴巴的总价值不止那么多，你们的看法与我们差距太大，我不能接受你们的条件。

就这样结束了这次谈判。我记得结束后我们乘电梯还是和对方的一个人一起下来的。在电梯里那个人还特别遗憾地说你们错过了一个机会。当时互联网很热,很多人都想要钱。我们对投资人说:"我们不要钱。"

这是我们融资史上最牛气的一个礼拜,一直在跟基金经理们说"NO"!

我并不看重钱,我看重钱背后的,我看重这个风险资金能够给我们带来除了钱以外的东西,这是我最关注的。而且风险基金到底能够帮助我们什么,它是不是有这样的能力,是不是有这样的人专门为我们服务,这个我很关心。所以我挑剔风险资金的程度绝对不亚于风险资金挑剔项目,我可能比他们还过分一点。

一些不好的风险资金,比如说不是太切合的,或者说急功近利的,投了钱就跑掉,他投了钱,他把鸡蛋压在篮子里面,投了十几个二十几个项目,他总共人才没几个,他根本就不关心你。一种是他天天看着你,你动一步他就要管管你;还有的一种就是他管都不管你。

准确地说,我们需要的不是风险投资,不是赌徒,而是策略投资者,他们应该对我有长远的信心,20年、30年都不会将我们的股票卖掉的。两三年后就想套现获利的,那是投机者,我是不敢拿这种(投机者的)钱的。

投资跟优秀企业家走

1999 年，阿里巴巴网站建立仅一个月，便有 30 多家风险投资商要投资阿里巴巴。经过选择，最后我们接受了以高盛为首的投资集团 500 万美元的投资。

与高盛的整个合作是愉快的，他们进入后仅仅 4 个月，软银就进入了。从软银进入的资金和它获得的股份看，高盛的投资当时就增值了 4 倍。当然，在当时的情况下，一家公司如果上市可能一夜之间股东收益就翻几倍，不过当时他们还是很高兴的。而当第三次融资（2004 年软银再次投资阿里巴巴）结束后他们退出时，虽然阿里巴巴还没有上市，但他们还是获得了 10 多倍的收益，可以说他们的阿里巴巴之旅是愉快的。

每一次董事会只要有争论，我就只说一句最简单的话，如果你认为应该这么做，那你来做吧。资本家要投资 20 家甚至更多的公司，而我一天 24 小时除了睡觉之外都在想这一件事，我一定比他更懂公司的具体运作。

我希望给中国所有的创业者一个声音：投资者是跟着优秀的企业家走的，企业家不能跟着投资者走。

不光是资本在挑选目标企业，我们也有自己的取舍。对那些不能与公司战略兼容的资金，我们一般不接受。而和聪明人在一起，你不用说什么废话，他就能听懂你的业务模式。

我是 1999 年 10 月 30 日拿到第一轮融资的，10 月 31 日跟孙正义见面，你说我会要钱吗？我根本没必要去说服他，6 分钟以内，我就讲一下我们自己想做什么东西。

我说了 6 分钟，孙正义给我 3500 万美元。我没想到钱来得那么轻松，他没想到我不是来向他要钱的。后来想起来，这是我一生中最戏剧化的一个场景。

那是 1999 年 10 月的一天，我被安排与雅虎最大的股东，被称为网络风向标的软银老总孙正义见面。当时我经营的阿里巴巴还算不错，我选择投资人很慎重，已经拒绝了 38 家风险投资商的资金，只接受了以高盛为首的投资集团 500 万美元的投资，所以我并不缺钱。

孙正义和我说的第一句话是："说说你的阿里巴巴吧！"于是我就开始讲公司的目标，本来准备讲 1 个小时，可是刚开始 6 分钟，孙正义就从办公室那头走过来，"我决定投资你的公司，你要多少？"

我一下子愣了："我并没有打算向你要钱啊。"

我们对视了一小会儿，不约而同地呵呵笑了起来，四只手也紧紧地握在了一起。

我见过很多聪明的人，孙正义却是其中最特别的。他神色木讷，说很古怪的英语，但是几乎没有一句多余的话，像金庸笔下的郭靖，有点大智若愚。

我们都在这 6 分钟内，明白对方是什么样的人——迅速果断、想做大事、说到做到。

后来我才知道，软银每年接受 700 家公司的投资申请，只对其中 70 家公司投资，而孙正义只对其中一家亲自谈判，只对我在这么短的时间内做出了投资决定。

他说："保持你独特的领导气质，这是我为你投资最重要的原因。"
我一下子想起来，孙正义当年注资雅虎 1 亿美元的时候，雅虎只有
15 个人，十分弱小，大概他也是看出了杨致远的某些潜力。

孙正义敲门，这事一定要做。和孙正义一定要合作，这个事要弄，
一定要弄，要弄！

再次携手孙正义

2003 年 7 月，远在日本的孙正义打电话说服我接受软银新一轮
融资。

到快要签字的时候，我和孙正义在卫生间小解，我提了一个数
目——8200 万美元，孙正义不假思索地就同意了。

好在第四轮私募之后，包括管理层在内的员工股仍为最大股东，
软银也仍旧是第二大股东。

这 8200 万美元不是我们自己出去找的，我们是被动方，投资者
为了说服我拿这些钱，跟我谈了好多次。

这不是我们很高兴的事情，我觉得你们应该去恭喜投资者，我
的压力挺大的，现在这么多钱怎么花出去，还得挣更多的钱，这个
压力我比他们大多了。

投资者老是希望投更多的钱，我们现在每月都以一种双位数的
规模在成长，无论是销售额还是利润。我们不需要钱，钱太多了不
一定是好事，人有钱才会犯错啊！

这次融资不是因阿里巴巴缺钱而起，是投资者说服我们接受这

笔钱。因为这两年，阿里巴巴为股东带来了非常高的投资回报率。这次 8200 万美金的私募是迄今为止中国互联网业界金额最大的一次，投资人包括软银、富达 Granite Global Ventures 和 TDF 风险投资公司。投资者认为，中国的电子商务市场越来越成熟，这笔资金进来以后，可以进一步确立阿里巴巴在全球 B2B 和 C2C 的领先地位。我们之所以接受上述投资，是因为这项投资符合公司长久发展的战略要求。我们希望打造中国新的电子商务时代，希望兵马未动、粮草先行！

应该是资本围绕企业转。孙正义这次的投资更加理性，如果说前一次投资浪潮是漫天散花，现在则是精确点击。如果看不到你的企业赢利模式和前景，别人是不会给你投钱的。这一波的投资将会对中国互联网的格局产生更加深远的影响，未来 3 年，互联网会从"春秋五霸"进入到"战国七雄"的角逐，真正的竞争会在三五年内展开，这种竞争对中国经济和互联网经济都是有好处的。其实从新浪、雅虎成立拍卖公司开始，战争已经开始，主角是雅虎、eBay 和阿里巴巴，走在前端的是它们的代言人而已。

投资者永远跟着好公司走

今天（2007 年 11 月 6 日）是阿里巴巴历史上非常重要的日子。我们阿里家庭的老大 B2B 上市了！感谢所有为此做出贡献的客户、同事和投资者 8 年来的努力！

全球的投资者对我们寄予厚望。所有的这一切绝对不是一个时代的结束，而是一个新的征途的开始。我们今天拿到的不是钱和资源，是几十万投资者的信任和上千万客户的期待！

今天我们取得的阶段性成绩绝对不是我们聪明努力的结果，而是我们所处的伟大时代、国家和产业所带来的巨大的机遇。我们都应该带着感恩的心！

阿里人，我们前面还有94年要走。今天我们所创造的所有纪录会被我们自己在明天打破！中国电子商务的路很长很长，从今天起，我们才真正开始在路上……

永远不要忘记我们的使命——让天下没有难做的生意！

上市只是一个加油站，目的是为了走得更远。投资者其实没有人关心去年（2006年）的市盈率问题，现在已经是2007年底了，他们更多的是去思考未来。中国有4200万中小企业，投资阿里巴巴事实上就是投资中国的中小企业，是在投资中国的未来。

我认为单独上市与集团上市还是有区别的，尤其是中国电子商务才刚刚开始，需要3年，甚至5年的基础建设，如果把整个集团整体上市，无论是资本市场的压力，还是员工的动力，包括考虑整个环境的因素，我认为对整个电子商务市场的发展都是不利的。B2B上市以后，其他公司也能有比较好的发展空间和资本空间等。

B2B上市也跟我们的计划一样，就在几年前，我们也不想上市，但现在我们认为是一个很好的时机。抓住很好的时机上市，对整个中国电子商务或者中国互联网市场都能产生比较大的影响，或者有很好的提升。

在香港或者美国上市区别也很大，我们认为，香港能成为世界级的交易场所，工行在香港上市就能体现香港资本市场的融资能力。

我还是认为，如果你是好公司，资本就会跟着你走，资本家是跟着企业走的。阿里巴巴上市就吸引了很多欧美的大型基金。

在香港上市对阿里巴巴而言意义重大，因为我们能在香港联交所体现出我们的价值。我们这次上市能给全世界、全亚洲、全中国的高科技公司传递一个信号：香港并不比纳斯达克差。当然，纳斯达克也是一个融资的好地方，但是香港也通过阿里巴巴上市证明了自己的能力。

总之，投资者永远跟着好公司走。

第十二章

在试错中成长

● 梦想，永不放弃 ●

马云写给迷茫不安的年轻人

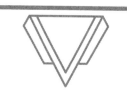

钱太多不一定是好事

1999 年香港阿里巴巴成立的时候，有一个土耳其的记者说，马先生，阿里巴巴应该属于土耳其的，怎么跑到中国来了？这句话至少有二十几个国家的人说过，阿里巴巴是属于我们的。我们当时把总部定在中国香港。因为我们想这是中国人创办的公司，我们希望办一个中国人创办的公司，让全世界骄傲的公司。香港是特别国际化的，我们在美国设了研究基地，在伦敦设了分公司，然后在杭州建立了我们中国内地的基地。

高盛的融资一到账，我们便开始从香港和美国大量引进人才。当时我认为阿里巴巴网站必须是全球性的，因为亚洲的中小企业是卖方，欧美大企业是买方，因此，阿里巴巴必须迅速覆盖全球，成为全球性网站。而要实现这样的目标，没有海外人才是不行的。

以前阿里巴巴每小时能跑 50 公里，我们一直在找能让阿里巴巴提速到 100 公里的人。

钱太多了不一定是好事，人有钱才会犯错啊！阿里巴巴犯过许多错，最早的一个是在创办时，因为全球化的概念，所以就认为公司要设在美国，于是跑到硅谷。结果找来的员工，愿景、思路、想法都不同，实在无法做事。不到一个月，发现这是个错误。即使有全球眼光，也必须本土取胜。换句话说，在中国也能创造一个世界级的顶尖公司。我们是有损失，但得到的比损失多，至少我们懂得了全球化。所以我们买的是犯错的经验，这是阿里巴巴的价值。

办市场就像办舞会

1999 年刚开始的时候，我们说阿里巴巴要避开国内的甲 A 联赛，直接进入世界杯。

我当然是帮助中国企业出口，谁买中国产品？肯定是海外的买家。那怎样才能让这些企业成为买家呢？对此有一个最简单的看法就是：办一个市场就像办一个舞会。

我当过学生会主席，我办过舞会，我知道请男孩子要先请女孩子，我们决定先找女孩子，然后把优秀的男孩子一个一个放进去，这个市场就会动起来。阿里巴巴也是，前面都是免费的，买家没几个，逐渐的，买家多起来，最后把欧洲企业带进来，美国买家带进来，形成互动循环。两年以前我们又发现一个问题，如果彻底开放中国企业，英文站点一个问题出来以后，全世界给我投诉的人太多。有一个中国企业写了一个采购什么东西，下面加了一句话，我们都没检测出来，两年前有人告诉我，写的是"印度、巴基斯坦企业谢绝跟我采购"。后来我们觉得要吸引真正买家，需要把卖家一个一个进行筛选，宁可少，也要保持质量，这是我们当时的出发点。

一个国家一个国家地杀过去，然后再杀到南美，再杀到非洲，9月把旗插到纽约，插到华尔街上去：嘿！我们来了！

我第一次在德国作演讲时阿里巴巴的会员有 4 万多，在德国，1000 人的会场里面只有 3 个听众。第二次再去德国，里面坐得满满的。还有从英国飞过来的会员，一起进行交流。

我第一次到伦敦，我的公关经理告诉我们，下午 6 点 15 分，BBC 电视台要采访，是录播，不是直播的。请你准备一下这 5 个题目。我从来不准备。我说没关系我不看，下午 3 点 BBC 又发来一个传真，请马先生一定要仔细地看。6 点进了 BBC，还是拿出那 5 个题目，一定要我仔细准备，那我（表示）就准备一下。

等到了演播台，主持人说现在是 BBC 总部全球直播。有 3 亿人看哪！把镜头切过来问我问题，（然而他们问的问题）跟我准备的那 5 个问题一点儿关系没有。他问：你是中国的公司，你在英国创公司，你会成功吗？你想当百万富翁吗？你认为你可以当百万富翁吗？你当得了百万富翁吗？当时一下就把我问蒙了。我当时很紧张，但脸上还是微笑地跟他讲。结束之后我说，我们会证明我们会活下去，而且活得还很不错。后来 BBC 又对我采访了几次，其中有一次他们是派了报道组到国内，一个是采访当时的上海市市长徐匡迪，另一个是采访我，是 BBC 最热门的节目，叫《热点谈话》，节目播出有 25 分钟。

网络公司一定会犯错

曾经我们一无所有，只有满腔热血和一股干劲。今天，我们的努力换来了风险投资，换来了 300 多名热血青年，当然，我们也换回了大大小小无数的挫折、失误和教训。

虽然阿里巴巴创造了速度上的奇迹，我们摸着石头过河，我们没有模仿任何人，也没有人可模仿。但同时，我们又必须高速奔跑！我们今天所有的挫折、失误和教训都成为我们的财富。新浪、网易、搜狐、8848 等的经历告诉我们，我们所犯的错误，别人都在犯。阿里巴巴幸运的是发现得早，转变得快，团队配合得好。当然，转变是非常痛苦的，我们都经历了不少这样的磨炼！

身处这个要求不断创新的产业，犯错误并不是件可耻的事。换一种思路，会发现我们还是很健康的。同时，我们也要认识到，我们一定会为这些调整付出代价，会有不少同事、不少团队的工作成果由于这些调整在短期内得不到体现，甚至被全盘推翻，我很理解其间的难受和沮丧，同时非常尊重这些同事付出的辛劳和做出的牺牲。正因如此，我们必须加强对市场的判断力和执行能力，争取少走弯路，多出效果。

阿里巴巴犯过所有公司都可能犯过的错误，吃了不少苦头。现在流行写书，如果我以后想写的话，书名就叫《阿里巴巴的 1001 个错误》。

我觉得网络公司一定会犯错误，而且必须犯错误。网络公司最大的错误就是停在原地不动，最大的错误就是不犯错误。犯错之后关键在于总结、反思各种各样的错误，为明天跑得更好，错误还得犯。关键是不要犯同样的错误。

就像软件少不了错误，公司一定会犯错误。我们当然希望错误越少越好。一个错误不管它是如何发生和结束的，都会消耗公司的资源，挫伤大家的积极性，延缓我们发展的速度。但是，有些错误是我们选择这个产业的代价，晚犯不如早犯。我们分析公司所犯过的错误，有些是执行过程中经验不足、沟通不够、管理不善造成的，问题被复杂化了；有些是公司发展方向判断上发生偏差，认识不统一造成的。

对执行中的错误，我们要做的是培训，提高人员的素质、管理的水平以及完善流程、加强质量控制。我们的决策层、管理层需要与我们的各个团队保持良好的沟通、建立及时的冲突处理机制和完善的业绩评价制度。在这些方面我们有很多教训，也有很多经验。最基本的一点，我们要在尊重每个同事对公司贡献的基础上，强化团队建设和合作精神，以使我们的管理和执行更成熟。

而对方向判断上的失误，我们必须承认我们所面对的是一项全新的事业，没有经验可以借鉴和拷贝。实验室里大部分的实验都是失败和错误的，做实验都是做前人所没有做的事，相信实验室里的人想的也是如何把事情做好。互联网产业也一样，发展的过程就是试错的过程，这是我们无法回避也是必须经受考验的过程。

反观这些错误，由于每个人看问题的角度不一样，每个人承担的角色不一样，"横看成岭侧成峰"，有些错误在公司高层看来是局部，但对那些局部而言，是他们全部工作的价值所在，他们会不由自主地放大对这些错误的认识。我们不妨从两个方面去做调整：一是站在公司整体的角度，来看待自己工作的价值；二是看得长远一些，有些错误的发生，是公司为适应市场的变化而不得不做出的选择，每个公司局部都要服从于这个大局。而每个人所做的工作，有可能在另一个时间点上，因市场的变化，或因公司资源的重新配合，得到重新认可和启动。

互联网没有故事不行，但光讲故事更不行。这个阶段是中国也是网络界需要故事的时候，网络 1998 年和 1999 年的泡沫，不能光怪 .com 和网络公司。网络只是一个几岁的孩子，不能用 30 岁的标准来衡量。网络公司所犯的错误，除了他自身，也有媒体、投资者、分析家们等许多因素。

"回到中国"策略

2000 年 9 月 11 日，我们"西湖论剑"结束的第二天，召开了一个会议宣布公司进入紧急状态，我们比新浪王志东事件提前 6 个月自己做了制裁，我们关掉了很多办事处。

我们必须采取行动。未来半年是非常严峻的半年，随时做好加班准备。

当时，我发现网络在北京炒得非常厉害，有些浮躁之气，而我感觉做事情更重要的不是造势。把公司中国区总部放回杭州这让我们躲过很多灾难，如果放在北京就惨了，我会被媒体大卸八块。我也会变得很浮躁，人家跳舞我也跟着跳舞，别人悲哀我也悲哀。当时全世界都这样，北京和美国、欧洲国家的城市一样。北京是一个很浮躁的地方，不适合做事。我们是用全球的眼光当地制胜，我们的拳头打到海外这个位置，再打下去已经没有力量了，必须迅速回来；回来后在当地制胜，形成文化，形成自己的势力再打出去。如果不在中国制胜的话，我们会漂在海外。我们要防备的对手是在全球，而非中国内地。在中国，互联网真正要赚大钱还要两三年时间，这两三年内挣的钱只能让你活得好一点，但活得很舒服、很富有不可能。

在互联网最艰难的时候，阿里巴巴回到中国，把总部从上海撤回了杭州，实实在在地做事，放弃国内其他的市场，非常非常艰难……我们实施"回到中国"策略的时候，我们对外没有说。我们一直说我们阿里巴巴一直在开拓海外市场，结果有一些竞争对手跟我们去打海外市场，去了就关门了，没能回来。

朝着既定方向往前走

2001 年冬天，我向孙正义汇报公司情况。当简短地讲完阿里巴巴的境况后，孙正义幽幽地说："今天前来汇报的 CEO，所说的话都与我当年投资他们时说的不一样了，只有你还在说当年说过的话。"2001 年底，孙正义到北京来，开一个他投资的三十几家公司的会议，每人讲 15 分钟。前面的人都使用 Powerpoint（演示文稿软件），讲得很漂亮。我最后一个讲，我只讲了三句话：孙先生，我问你要钱时是这个梦想；今天我告诉你，我还是这个梦想，唯一的区别是，我向我的梦想走近了一步，我还在往前走。但当时三十几家公司基本上都不称自己是互联网公司了，都换了方向。

2001 年 10 月以前的那 4 个月是阿里巴巴最痛苦的时期。那 4 个月互联网在世界上发生了天翻地覆的变化，而我们为了跑得快，先停下来"换鞋子"，潜心全面改写技术平台，几乎没有新产品出来（现在每个星期都有新产品出来）。风险在于把本钱都押到上面了，孤注一掷。结果我们建立了很好的技术平台，也建立了很好的信心。

阿里巴巴下一步的战略方向是电子商务，永远是电子商务、电子商务、电子商务……

我们第一天 Focus（集中）在 B2B，今天还是如此，不管外面的潮流怎么变。我们学习，但是不跟随、不拷贝。后来各种概念很多，阿里巴巴也面临很大的压力，也有很多其他的机会，在这一年半内我们面对机会斩钉截铁地说了无数的 NO。我们朝着既定的方向往前走，不管外面千变万化，还是不受干扰，走自己的路，用心去做。

就像是一个成功的婚姻，第一天向对方说"I love you"，到了 60 岁时，还是这句话。什么样的模式并不是最重要的，关键是不断证明、推广、完善它。关键是相信自己的模式，守住自己的模式。

我们的模式一直在变，但是有三样东西没变：一是 B2B，二是中小企业，三是进出口。至于实现这些东西的变化手法很多。

2001 年以前，我们能生存下来的首要原因是我对于技术一无所知。

口号："只赚一块钱"

2001 年的阿里巴巴甚至整个互联网产业就像一个 3 岁小孩，你能问 3 岁小孩一年挣多少钱吗？

构思阿里巴巴为 WTO 做准备时，我们唯一的想法是把整个互联网做成一个最大的贸易市场。我们现在每一天的访问量是几百万。来自海外的访问全是进出口企业，全是想在全世界各地采购的商人。我们建立的大市场，可以把中国的企业一家一家地介绍出去，我们介绍一家收费一家。阿里巴巴中文网站现在有 54 万名会员（2001 年数据），可能是现在中国最大的内贸市场。

我刚从日本和美国回来，也去了欧洲，很多的国外公司看好中国的商机，想到中国来投资，想到中国来找商品，他们现在觉得中国的内贸市场是他们进来的最好的渠道。他们选择在网上做投资或合作，这些都是收费的。有网站分析师批评阿里巴巴的赚钱模式。我有信心两年磨一剑，甚至十年磨一剑。我们今天要做的是一个全新的网络公司，网络需要改变，改变是最痛苦的。

经常有人问我，阿里巴巴靠什么赚钱？甚至我们的会员也很着急，问我们，阿里巴巴一分钱不收靠什么支撑下去？我对他们说，阿里巴巴现在就是一分钱不收，也能支持几年。我对我的投资人说，现在的阿里巴巴甚至整个互联网就像一个 3 岁的孩子，你不能只喂几口饭，就让小孩上街卖花赚钱。应该让小孩穿好吃好，有条件的话，让他读书读到 18 岁，这样他走到社会才能挣大钱。

真正赚钱的人是别人不知道他怎么赚钱的。雅虎前期谁想到它会赚钱？至今人们还不知道比尔·盖茨是怎么赚钱的，他却赚到了全世界最多的钱。

当阿里巴巴的客户达到 500 万，当商人们再也离不开阿里巴巴，当商人们都从阿里巴巴网上赚到了钱，阿里巴巴还会赚不到钱吗？阿里巴巴网上的用户都是商人，商人是有钱的，他们不在乎交不交费，而在乎你提供的信息是否有用。

阿里巴巴如果想赚钱，今晚就可以赚钱。我今晚宣布关闭阿里巴巴网站，全世界许多商人就会主动把钱打到我的账号上，因为他们离不开阿里巴巴！他们一定会交费！阿里巴巴可以赚钱的道路实在太多，我现在还不想赚这点小钱。

我们讲过一个例子，你在跑马拉松，路边有很多牛奶、汽水，你可以边喝边跑，也可以坐下来喝足了再跑，但是等你拿到冠军以后，你的奖金可以买 50 吨、100 吨牛奶。你傻乎乎坐在那儿喝牛奶，然后就跑不动了。所以你要有自己的加油速度，你要知道自己的体力，要是你今天让我去做这种事情的话，那我们阿里巴巴就跟一个开小店的人没什么区别，我们的心大着呢。

赢利应该是一切正常运营公司的自然结果。人们应当关心的是公司是否正常运营，而不仅仅是赢利一个侧面。即便你今天有足够的赢利，也未必证明你一定能活到明天。美国安然公司就是一个例证。因为正常运营包括公司的长短期发展战略、政策、计划、执行能力，等等。一味追求赢利这个结果，而忽略整个过程的发展，就犹如饮鸩止渴。

从 2002 年起，阿里巴巴将考虑赚钱。我们 2002 年的口号是"只赚一块钱"，"只赚一块钱"标志着在公司各项指标增长的基础上进入赢利状态，2002 年我们的目标是赢利增长。

目前情况下，每个月低于二三百万元收入的互联网公司即使赢利都很危险，因为互联网是规模经济。只增长不赢利不行，只赢利不增长同样不行，阿里巴巴 2002 年"只赚一块钱"是基于增长基础之上的赢利，一块钱有丰富的含义。

阿里巴巴从（2002 年）3 月开始全面收费了，3 年来"烧掉"的钱 2002 年一定要赚回来！

我们还没有更大的服务能力。少做一点，做好一点。今年吃成个胖子，明年就可能饿着。

收费势在必行，我对董事会说，要有失去部分会员的心理准备。不过我相信，从这里得到实惠的大多数客户会支持阿里巴巴的决定。阿里巴巴只是掌握了赚钱的手段，而没有赢利模式，因为形成模式是很难的，没有十年八年不行。

整个收支平衡，2001 年 12 月，我们公司进入非常良好的状态。现在非常奇怪，你越有钱就越有人投资你。我们现在看互联网投资很难拿到风险投资，但我们很容易就能得到投资。我们现在是钱很多，但是我们用得很少。我们还要不断地在海外发动很大的市场战略。

现在，我们的干部也成熟了起来，员工扩大到了 500 名。现在互联网是在裁员发展，我们是扩大发展。我们的目标是全年发展中赚一块钱，也就是说，如果我们整年投资 800 万美元，我们要赚 801 万美元起。

阿里巴巴 3 年来做了一个很大的市场，全世界的大部分进出口商人都在阿里巴巴上搞采购。阿里巴巴正是作为一个推荐者，帮中国的出口商做一个网页放到阿里巴巴上，这就是我们的"中国供应商"栏目，然后收取这个出口商的费用。当然这只是其中之一，我们自己还有别人不知道的赚钱的发展战略部署。

我认为中国真正的电子商务还远远没有到来。现在的一切都是在预热运动中，今天的电子商务发展不亚于当年的一场"五四运动"，这实际是一种新的概念的重组，是对传统的经营模式和管理模式一个大的冲击。

第十三章

冬天，跪着也要活下去

● 梦想，永不放弃 ●

马云写给迷茫不安的年轻人

跪着也要活下去

在互联网最痛苦的时候，2001 年、2002 年的时候，我们在公司里面讲得最多的字就是"活着"。如果全部的互联网公司都死了，我们只要还跪着，我们就是赢的。

其实我的跪是指你站不住了，你给我跪在那，不要躺下、不要倒，是这个意思。但是所谓冬天长一点，春天才会美好，细菌都死光了，边上的噪声都会静下来。这时候，你说我还站着，你就会成为所有投资者最喜欢的，你也会成为整个互联网界最喜欢的人。所以我们那时候是自己给自己安慰。

我们在 2002 年的关键字就是：坚持到底就是胜利。我们必须自己给自己力量，在没人温暖你的时候，你要学会用你的左手温暖你的右手。冬天寒冷的时候，我们提出的口号是："坚持到底就是胜利！"我们坚信网络一定会火起来，只要我们活着不死，就有希望。

今天很残酷，明天更残酷，后天很美好。但绝大多数人都死在明天晚上，只有真正的英雄才能见到后天的太阳。

我还有很多那个时候的录像，我跟我所有的同事讲，感谢上帝给我们这次寒冬，使我们可以静下来，使得我们可以更加专注地做我们应该做的事情。因为 2001 年的寒冬，这个市场比较有味道了。

2000 年，我们总结走过的两三年，犯了很多错误，有些是刻骨铭心的。我想，阿里巴巴要练招练剑，才能躲过。现在我说要练阵，要考虑如何练好了。

我要感谢网络低迷的这两年，它给了我时间让我做本来应该做但一直没做的事。这两年我不练刀也不练剑，只练阵，我们有了良好的管理和一支有战斗力的团结的队伍。

是什么让阿里巴巴活下来？是什么让阿里巴巴走到现在？我们把回来做的第一件大事比作毛泽东经过长征，来到了延安。第一是要做延安"整风运动"；第二是建立"抗日军政大学"；第三是"南泥湾开荒"。

像亚马逊也好，eBay 也好，包括我们公司在内，当别人认为是互联网的冬天的时候，我们却干得热火朝天。

收缩，控制成本

中国不可能 1 个星期有 1000 家互联网公司诞生，如果这样的话，可能 1 个星期就有 1000 家互联网公司倒闭。

那个时候，三大门户网站都已经上市，正是互联网的高峰时期。我也没有更多的理由，就是觉得，没有经济基础，没有东西上市，只凭一个概念，应该挺悬；另外，当时全国人民都在做网络，大家都在拼命烧钱——当大家都做一个事情的时候，我总觉得就应该停一停了。

2001 年的时候我们公司开始关掉办事处。那时候流行西部大开发，我也很高兴就跑到了重庆、成都和昆明，我想去看看西部大开发到底是怎么样，电子商务能不能帮助西部振兴。从政策上来讲我们很希望政府支持我们西部开发。

但是到了云南，到了昆明以后我傻在那里，四五个小姑娘每天很认真地告诉人家你们应该买一台电脑。那时候我感觉不对了，我们阿里巴巴驻西部办事处整个感觉是阿里巴巴驻西部的扶贫办公室一样，如果人家连电脑都不买你怎么可能期望他们用网络，怎么可能期望他们开始在网络上面做生意，所以我在第二天就告诉我们的同事，立刻关闭西部所有的办事处，撤回东部。

调整之后我们锁定在广东、福建等省的 5 个地区，这是占中国经济出口总量比例很大的地区，这些地区做好了就可以了，而且我们没有关掉欧洲、美国的办事处。所以我们现在有大量的海外进口商。

一有钱，我们就请高管，就请洋人，请世界 500 强的副总裁。可最关键的时刻又要作决定请他们离开。我们清掉了很多高管，这是最大的痛苦。就像一个波音 747 的引擎装在拖拉机上面，结果拖拉机没飞起来，反而四分五裂。我们如果当时不做这样的手术，可能阿里巴巴就没了。

2000 年底我第一次裁员。我们裁员是因为发现了我们在策略上有错误。当时我们有个很幼稚的想法，觉得英文网站应该放到美国，美国人英文比中国人好。结果在美国建站后发现犯了大错误：美国硅谷都是技术人才，我们需要的贸易人才要从纽约、旧金山空降到硅谷上班，成本越来越高。这个策略是一个美国 MBA 提出来的，人很聪明，当时提出来时想想真是有道理，过了一个半月我们才发现这是个错误，怎么可能从全世界空降贸易人才到硅谷上班？然后赶快关闭办事处。这是阿里巴巴第一次裁员，也是唯一一次大裁员。我们说如果想留在阿里巴巴工作，回到杭州来，同样的待遇；如果离开，我们分给多少现金、股票，这是公司决策的错误，与他们无关。从美国回来我们制定了统一的目标。

虽然人少了，但我们的成本控制住了。现在公司的成本处于一个稳定的阶段，几乎每个月都可以做到低于预算 15% 左右，控制成本其实没有什么秘诀，就是做到花每一分钱都很小心。我们公关部门的公关预算几乎为零，请别人吃饭是自己掏钱。我自己应该是网络公司里最寒酸的 CEO 了，出差住酒店只住三星级的。我们不是用钱去做事，而是用脑子去做事。

危险之中有机会

我所说的"危机"是指危险之中的机会。当所有人都在撤退时，我们要像抗战胜利时一样迅速抢占地盘。

在人们都感到很大危机的时候，觉得不行的时候，往往是机会所在的时候。现在是亚洲网络、中国网络最大的机会。当生意越来越难做时，应该是主动出击的时刻；当大家都好得不得了时，反而是应该小心谨慎的时候。阿里巴巴今天有实力、有能力全面出击我们看好的市场，得益于我们比其他网络公司早半年进入危机状态，提前半年进行策略调整。

阿里巴巴一直致力于海外市场的拓展。扩张不是用钱，而是用智慧，现在到了扩张成本最低的时候，为什么不进攻？ 2001 年下半年我们会在台湾地区开设办事处，10 月进军北美。

在台湾地区，阿里巴巴已经有 3 万多名忠实会员，这些会员都是手握财富的真正商人。现在台湾经济受到（2001 年"9·11"事件后）美国经济滑坡的影响比较大，许多台湾企业都开始把目光盯住祖国大陆市场，而中国加入 WTO 在即，这对台湾企业来说是一个大好的机会，祖国大陆经济的发展将为台湾经济的发展提供更为广阔的空间。在这个时候，拥有大量（大陆）会员企业的阿里巴巴成为两岸之间经贸交流的一个网上桥梁是理所当然的。我想，这也是我们能在台湾地区引起轰动的一个深层次原因吧。

日本是中国的第一大贸易伙伴国，中国是日本的第二大贸易伙伴国，中国的"入世"必然会带来外贸方面的大变革，现在日本与中国的双边贸易额达 830 多亿美元，阿里巴巴作为全球商人的网站和贸易伙伴，当然不会错过在中日贸易之间服务与收获的机会。

对于进军日本市场最大的收获就是通过和境外电子商务的从业者与需求者的实际交流与合作，更加增添了我们对阿里巴巴电子商务服务模式的信心。日本经济产业省的官员认为，阿里巴巴的模式将会作为一种成功的模式在亚太地区得到全面推广。

如果我们不扩张，现在就可能收支平衡。现在阿里巴巴的员工人数是历史上最多的时候，每周有 10 到 12 名新员工进来接受培训，每个季度收入都保持两位数增长。只要停止海外扩张，停止招人马，停止进攻性市场策略，立即就可以实现赢利。但我们认为，现在恰恰是抢市场的最好时机，我们办企业不仅是为了生存，还是为了长远的发展。

几乎所有的 B2B 网站都在寻找买家，只有我们是在挑选买家。

现在每个月都有一些会员获准成为阿里巴巴的买家会员，我们的中国供应商会员 80% 都有了成功的交易。

其实这些也反过来告诉我们，市场到了出击的时候。所以在国内，我们在 5 个省市开设了 15 个办事处，招人培训，结网捕鱼。

冬天，越长越好

首先我是个乐观主义者，我觉得有冬天一定有春天，有春天一定有冬天，一年四季都是春天的话，你会过腻的，对不对？我觉得在冬天的时候不一定人人都会死，在春天的时候也不一定人人都会开花。

互联网寒冬过得太快，如果可能我希望当时能再延长一年。我们比较幸运，我们比别人先判断到了冬天的到来。永远是在形势最好的时候改革，千万不能弄到形势不好的时候改革，下雨天你要修屋顶，那时候一定麻烦大了。所以，在阳光灿烂的时候借雨伞，修屋顶。我记得我们比别人先动了一下，然后果然到后来互联网冬天到了，所有投资者开始收紧投资的时候，我们突然发现自己还有 2000 多万美元。在这个时候你会发现，你的竞争者如果还活着你就要去跟他拼。不管多累多苦，哪怕就是半跪在地下，你也得给我跪在那儿，如果整个互联网公司都死光了，那就剩下我们。

2002 年，我在整个公司的员工大会上说："今年的主题词，就是活着，所有人都得活着，如果我们活着，还有人站在那边的时候，我们还得坚持下去，冬天长一点，他会倒下去的。"

繁荣背后潜伏危机

在冬天的时候不一定人人都会死，在春天的时候也不一定人人都会开花，任何一个产业都有这样的过程。如果今天是大家都好了，我反而更加警惕。

任何一个繁荣就像一个生态系统，有自己的春夏秋冬。企业是一个人，而环境是春夏秋冬。夏天过去，意味着冬天就会到来。夏天最主要的工作是准备冬天的来临，无论是冬天还是夏天都要冷静。所以，我把繁荣称为夏天，夏天要少做运动，多思考、多静养。

2005 年底，我刚刚宣布阿里巴巴处于高度危机，我们公司很年轻，我们公司这几年越来越受到外界的关注，对于我们公司的年轻人来说，这不是件好事，包括我自己也是很难经受得住聚光灯的照射。我们公司要走的路很长，我们公司要走 102 年，还有 96 年，我们过早被聚光灯照射，这么大的荣誉光环对于我们是件很危险的事情。

任何时候，当你发现一派繁荣的时候，请记住背后的灾难很快就要来了。全世界的调查证明 85% 的企业倒闭都是在前一年形势特别好，特别是整个市场形势很好，或者这个企业特别好的时候，而第二年公司却突然倒闭。

阿里巴巴的危机没有断过，我觉得越是有危机的时候我越放松，而像现在这样放松的时候我越紧张，一定有没有看到的危机。

为过冬做好准备

互联网发展了 12 年，我进入了 8 年，在这个过程中，我看到了繁荣和泡沫，起来又掉下去。2000 年，互联网突然转向，大家还没弄清怎么回事，就进入冬天了，而且这个冬天非常长。当 2006 年 2.0、3.0 说不清的概念越来越多时，我觉得事情不对，所以，为了过冬，我要准备上市了。

未来 3 年内世界经济包括中国经济有一个很大的下滑，所以我们 2007 年抓紧时间做了上市，我们上市以后融了 17 亿多美元，加上原先的六七亿美元，有 23 亿美元现金储备，还有充分的人才储备、网站建设。

未来两三年内整个股市肯定会下滑，整个经济形势可能会有灾难，但是没有那么难，有了准备，有灾难是好事情，就怕没有准备，灾难就来了。我在 2007 年 11 月 6 日香港股市给阿里巴巴鼓掌的时候，我听见掌声之外的闷雷，信不信是大家的事，一定要有准备。

我特别担心现在的繁荣，繁荣时期最主要的工作是准备冬天的来临，夏天需要少运动，多思考，但无论冬天还是夏天，都需要冷静。

我们判断世界经济将急剧下滑，这个冬天要准备粮草，要准备所有的一切，从粮草方面我们做了准备，心理方面也做了准备。

大家也许还记得，在 2 月的员工大会上我说过：冬天要来了，我们要准备过冬！当时很多人不以为然！其实我们的股票在上市后被炒到发行价近 3 倍的时候，在一片喝彩的掌声中，背后的乌云和雷声已越来越近。因为任何来得迅猛的激情和狂热，退下去的速度也会同样惊人！我不希望看到大家对股价有缺乏理性的思考。

经济危机一定会来，而且一定会影响实体经济。危机不可怕，但企业没有准备就真的很可怕。

我在心里面可能也有一点变态，我把所有倒霉的事情当快乐去体会它，所以任何麻烦出现的时候，都是给我练功力的机会，看我能不能挺过去。如果真的挺不过去，我就睡一觉，第二天早上又是新的一天。就像我以前去学习做销售的时候，我出去就跟自己讲，今天出去见 10 个客户肯定 1 个都做不到。我果然也做不到，我就跟自己讲，我是多么的有远见。但是万一做到了 1 个，我就跟自己讲，哎呀，我比自己想象的还能干。

虽然在前进过程中，遇到的麻烦事情太多了，我也许知道这个事情的结果不一定会好，但是我还要去努力，还是尽所有一切力量，尽管没有什么结果，我认为过程将会是另外一种结果。

尽管经济大环境面临空前困难，公司仍然做了 2009 年加薪和 2008 年丰厚的年终奖计划，根据 2-7-1 原则（2 是重点培养的人才，7 是中等，1 是要被淘汰的人），绝大部分员工都获得加薪和不错的年终奖金。此次调薪唯有一点不同于往年，包括副总裁在内的所有高层管理人员全部不加薪。我们认为，越是困难时期，公司资源越应该向普通员工倾斜，紧迫感和危机感首先要来自公司高层管理者。

第十四章

价值观是核心竞争力

● 梦想，永不放弃 ●

马云写给迷茫不安的年轻人

"整风"：统一价值观

2000 年我们在美国硅谷、在伦敦、在中国香港地区发展得很快，我自己觉得管理起来力不从心。硅谷同事觉得技术是最应该受注重的，当时硅谷发展是互联网顶峰，硅谷说的一定是对的。美国跨国公司 500 强企业的副总裁坐在香港地区，他们认为应该向资本市场发展，当时我们在中国内地听着也不知道谁对谁错。大家乱的时候我就突然想，公司大了如何管理？当人才多了的时候怎么管理？

每一个人对互联网的看法不一样，对阿里巴巴的看法不一样。如果说有 50 个傻瓜为你工作的时候，是一件很开心的事情，那么困难的是每个人都认为自己聪明。当时阿里巴巴在美国有很多的知名企业管理者到我们公司做副总裁，各抒己见，50 个人方向不一致，肯定会不行的。所以当年我觉得，这是最大的痛。那时候简直像动物园一样，有些人特别能说，有些人不爱讲话。

我见过所有世界 500 强的企业，讲来讲去就是这两点：价值和使命。宋朝的梁山好汉一百零八将，如果他们没有价值观，在梁山上打起来还真麻烦。他们有一个共同的价值观就是江湖义气，无论发生什么事都是兄弟。这样的价值观让他们团结在一起，一百零八将的使命就是替天行道。但是他们没有一个共同的目标，导致后来宋江认为我们应该投降，李逵认为我们打打杀杀挺好的，还有些人认为，衙门不抓我们就很好了。到后来（梁山组织）就崩溃掉了。所以一定要重视目标、使命和价值观。这是阿里巴巴 2001 年做的"整风运动"。

公司要有价值观和使命感，第一要统一思想，就像在延安小知识分子觉得这样革命是对的，农家子弟觉得那样革命是对的。什么是阿里巴巴共同的目标？三大点：要做 80 年持续发展的企业，成为世界十大网站，只要是商人都要用阿里巴巴。我们告诉员工，如果认为我们是疯子请你离开，如果你专等上市请你离开，我们要做 80 年的企业。当目标被确定下来之后，在当时环境浮躁形势严峻的时候，大家心里一下子就安静下来了，这时候我们有一些员工就离开了。

第一届"西湖论剑"之后我们提出了阿里巴巴处于高度危机状态，我就问当时我们美国公司的副总裁：我们一年不到就成为跨国公司了，员工来自 13 个国家，我们该怎么管理？他说马云你放心，有一天我们会好起来的。可是我心里不踏实，不能说有一天会好起来我们现在就不动了。这时我们的首席运营官是关明生先生，他曾在通用电气公司工作了 16 年。我和他探讨这个问题时，他说：通用电气的成功有个很重要的原因是公司的"价值观"和"使命感"。

中国的企业都会面临一个从少林小子到太极宗师的过程。少林小子每个都会打几下；太极宗师有章有法，有阴有阳。

公司要有一个统一的价值观。我们员工来自 13 个国家和地区，有着不同的文化。是价值观让我们可以团结在一起，奋斗到明天。我们请来的 CEO 总裁，他 53 岁了，老传统企业的经理人，非常出色，他在 GE 工作了 16 年，（帮）我们总结了 9 条精神，是它（价值观）让我们一起奋斗了 4 年。我们告诉所有的员工，要坚持这 9 条，第一条是团队精神，第二条是教学相长，然后是质量、简易、激情、开放、创新、专注、服务与尊重，这 9 个价值观是阿里巴巴最值钱的东西。

价值观是一个公司安身立命的核心，我们有 9 个价值观，不是编出来的，而是自己积累出来的，每一个新来的员工都要从这里学起。公司的价值观就像穿在珍珠里的那根线，跟珍珠相比，这根线最不值钱，但没有线，珍珠会掉得满地都是。

"整风运动"，把价值观贯彻到每一个人的身上，相信有一天我们的公司会是个全球化的公司。如果我们对互联网的认识，对公司的发展和前景认识得不深的话，我们就会栽倒。

不承诺会升官发财

创办一个伟大的公司，靠的不是一个 leader（领导者），而是每一个员工。我不承诺你们一定能发财、升官，我只能说，你们将在这个公司里遭受很多磨难、委屈，但在经历这一切以后，你就会知道什么是成长，以及怎样才可以打造伟大、坚强、勇敢的公司。

为了钱来阿里巴巴？别来。我们所有员工工资都打折，你原来工资 1 万元？我们最多 7000 元。薪酬的水平达到一个基本标准，吃饭的钱够了就行了。年轻人如果比工资可以到其他企业去，现在的公司 E 什么的很多，赶紧去！

其实阿里巴巴经历了很多，到今天为止我们招人还是很艰难。

最艰难的是 2001 年互联网进入冬天的时候，第一没有品牌，第二我们可以用的资金非常少，整个市场形势不是非常好，大家听到互联网转身就跑。当时很多人进来，也有很多人出去。我记得有一位年轻人，刚刚进公司时我跟他说，希望最艰难的时候坚持下来不放弃。这个年轻人说我记住了，5 年以内我是绝对不会走的。这 5 年来他们一起来的人都走掉了，当他快坚持不住的时候我就跟他说我记得你当时讲的话。现在他坚持下来，无论做事风格还是财富积累他都已经非常成功了。

阿里巴巴公司不承诺任何人加入阿里巴巴会升官发财。因为升官发财、股票分红这些东西都是你自己努力的结果，但是我承诺你在我们公司一定会很倒霉，很冤枉，干得很好领导还是不喜欢你，这些东西我都承诺。但是你经历了这些之后出去一定满怀信心可以自己创业，可以在任何一家公司任职，因为在阿里巴巴都待过，还怕你这样的公司。

真正优秀的人不是为钱而来的，真正有出息的人是创造钱的，没有出息的人是花钱去的。

阿里巴巴一旦成为上市公司，我们每一个人所付出的所有代价都会得到回报。

"野狗"与"小白兔"

我始终认为企业最值钱的是人才，但为了保持企业的竞争力和一支优秀的员工队伍，我们会坚持实行"末位淘汰"制，将后 10%

的员工淘汰，因为我们不淘汰他们，市场和股东就会淘汰我们。

我们公司是每半年进行一次评估，评估下来，虽然你的工作很努力，也很出色，但你就是最后一个，非常对不起，你就得离开。在两个人和两百人之间，我只能选择对两个人残酷。

很多企业说归说，做归做，阿里巴巴也说，但我们有一个铁的纪律，就是如果违背这一条，不管他是谁，他都得离开这个公司。我们因为这个开除过好几个人，那时候我们一个月的营业额最多也就十几万元。我记得我们开除过一个人，虽然他那个月营业额8万块钱，还是得开除他，没有办法。我们说你业绩可以不好，但是违背价值观是一定要开掉的，不管他是谁，而且这是一个天条。

阿里巴巴的员工有三种类型：有业绩没团队合作精神的，被定义为"野狗"；和事佬、老好人，没有业绩的，被定义为"小白兔"；有业绩也有团队精神的，是"猎犬"。在阿里巴巴，20%是明星员工，70%是普通员工，10%是"野狗"和"小白兔"。

在阿里巴巴公司的平时考核中，业绩很好，价值观特别差，也就是每年销售额可以特别高，但是他根本不讲究团队精神，不讲究质量服务，这些人我们叫"野狗"，杀！我们毫不手软，杀掉他，因为这些人对团队造成的伤害是非常大的。当然，对那些价值观很好，人特别热情、特别善良、特别友好，但就是业绩永远好不起来的，也就是我们称之为"小白兔"的人，我们也要杀。毕竟我们是公司，不是救济中心。不过，"小白兔"在离开公司3个月后，还是有机会再进阿里巴巴的，只要他能把业绩搞上去，而"野狗"就没有这个机会了。

业绩好、价值观也好的员工才是我们要的员工，是我们要的明星，所以我们所有人都要往这儿去靠。

大公司最怕"小白兔"，就是那些业绩很差、文化很好的人。大部分的公司是"白兔"成群，公司里面的人都很好，关系都不错，结果大家混日子。所以小公司就怕"野狗"，我记得当年自己杀掉过两条"野狗"。

价值观是核心竞争力

价值观是什么，guide（引领）我们自己，按照这个方向去，正确的路在哪里，中间的游戏规则是什么——双黄线、斑马线、红绿灯。这些游戏规则，就是按照价值观来制定的，否则我们就是一群乌合之众。

我们靠value（价值观）去打遍世界。value一定是我们的治身之本，是我们的内功。

外界看我们，是阿里巴巴网站，是淘宝，但只有我们自己知道，我们的核心竞争力是我们的价值观。

我们看很多公司内部是钩心斗角、尔虞我诈，包括跨国公司都恨不得手里拿一把刀。一个企业起来的时候一定要约法三章，管理50个傻瓜是痛苦的，更痛苦的是管理50个聪明人，而且有才华的人都有一点怪异，大家都互相不服。所以我们提出必须要有共同的价值观，如果没有这个价值观这个公司一定会玩完。

价值观是一个公司安身立命的核心，我们有九大价值观，不是编出来的，而是自己积累出来的，每一个新来的员工都要从这里学起。

我们的价值观不贴在墙上，而是放在每个人的口袋里。公司的价值观就像穿在珍珠里的那根线，跟珍珠相比，这根线最不值钱，但没有线，珍珠会掉得满地都是。

关明生进阿里巴巴后问我，阿里巴巴有价值观没有？我说有啊。他说写下来没有，我说没写过。他说把它写下来，想想从 1995 年开始是什么让我们这些人活下来。我们总结了 9 条：群策群力、教学相长、质量、简易、激情、开放、创新、专注、服务与尊重。没有这 9 条，我们活不下来。有的公司企业文化是尔虞我诈搞办公室政治。我告诉新来的同事，谁违背这 9 条，立即走人，没有别的话说。只有在这种环境下我们才能拥有良好的工作气氛。"整风运动"明确我们的目标，明确我们的使命，明确价值观。

公司要有一个统一的价值观。我们的员工来自 13 个国家和地区，有着不同的文化，是价值观让我们可以团结在一起，奋斗到明天。我们请来的关明生先生，他 53 岁了，是老传统企业的经理人，非常出色，他在 GE 工作了 16 年。我们总结了 9 条精神，是它让我们一起奋斗了 4 年。我们告诉所有的员工，要坚持这 9 条，这 9 条价值观是阿里巴巴最值钱的东西。

我们全国各地的公司几乎没有一个公司墙上贴着价值观的。东西贴在墙上就完了，做不好了。

我们提倡的价值观、文化不要停留在口号上，而要落实在行动上。我们的价值观很清楚，就是阿里巴巴是间客户第一的公司，员工必须有诚意、有热情，我们甚至明确了公司的价值观要定期考查，确认员工是否融入了企业文化。光有业绩却无法融入企业价值观的员工，我会请他走人，因为那就好像"野狗"一样。相反地，价值观满分但业绩零分的员工，不过是"小白兔"，我也会请他走。

价值观真的就像一把沙一样，松一松，溜一点，松一松，溜一点，最后你打开一看什么都没有了，所以你得死死攥住。业绩也一样，光讲价值观没有结果，说明这个价值观是错的，业绩和价值观永远不可能对立。

有人说连卫哲都不能接受马云的价值观，那还有几个人能理解？请大家搞清楚，这不是我的价值观。诚信是谁的价值观？整个社会的。"客户第一"是所有的商业活动必须要拥有的一个价值体系。"团队合作"，每一个人要成事，一定要团队，你说这是谁的价值观？"拥抱变化"，在21世纪信息时代高速变化过程中，你必须要有的。"敬业"，哪个公司可以说我们不用敬业呢？

这六条是全世界所有企业都必须坚守的，唯一有一条可能是奇怪了一点——"拥抱变化"。拥抱变化是一种心态，这个世界变化是多么快，如果没有拥抱变化，阿里巴巴到今天为止还是一家B2B公司。正因为拥抱了变化，我们才拥有了淘宝、拥有了支付宝。尽管云计算今天还没有看出是什么，但必须去做，因为这个时代在变。

创造变化，拥抱变化

除了我们的梦想之外，唯一不变的是变化！这是个高速变化的世界，我们的产业在变，我们的环境在变，我们自己在变，我们的对手也在变……我们周围的一切全在变化之中！

我们遵循的最高准则：第一条是"唯一不变的是变化"；第二条

是"永远不把赚钱作为第一目标";第三条是"永远赚取公平合理的利润"。我们必须抢在这个变化前先变,而不是等到出了问题再去想法解决。这是阿里巴巴保持变革能力的关键。

我本人的创业经验告诉我,懂得去了解变化、适应变化的人很容易成功,而真正的高手还在于制造变化,在变化来临之前改变自己!

创造变化、拥抱变化是我自己的理想。我个人理解这么多年来阿里巴巴最独特的一点就是拥抱变化。人,特别是既得利益者一定是害怕变化的;其次,很多人只是在适应变化,而阿里巴巴这个词比较过分,叫"拥抱变化"。

但是变化是很难的,尤其在好的时候要变化更难。不好的时候变也变不好,出现危机了,要找新的 CEO 了,开始寻找救星了,这个时候变不好了。世界上没有多少救星的。要在阳光灿烂的日子里修路,风调雨顺的时候做准备,太阳升起时买雨伞。

拥抱变化是一种境界,是一种创新。拥抱变化是在不断地创造变化。变化有的时候是为变而变,但更多的时候你要比别人先闻到气味不对。这个就属于创造变化,为了躲开想象中的灾难,为了抓住想象中的机会,你要不断地去调整。所以"拥抱变化"其中一个很重要的点,大家要去理解,就是这个变化绝对不是不好的变化,而是说你对灾难的预测,对好趋势的预测。

"拥抱变化"的学问非常深,因为它是创新的体现,也是一个危机感的体现。

一个没有拥抱变化、创造变化的人是没有危机感的,一个不愿意去创造变化和拥抱变化甚至是改变自己的人,我不相信他有创新。

变化是最可能体现创新的。

任何抵触、抱怨和对抗变化的不理性行为全是不成熟的表现，很多时候还会付出很大的代价，因为你不动，别人在动！这世界成功的人是少数，而这些人一定能够在别人看来是危险、是灾难、是陷阱的变化中冷静地找到机会！所谓危机，危险之中才有机会！

阿里巴巴几乎每天要面对各种各样的挑战和变化。我以前总是强迫自己去笑着面对并立刻准备调整适应。而今天，我们不仅会乐观地应对一切变化，而且还懂得了在事情变坏之前自己制造变化！

▷ 链接

阿里巴巴四项基本原则与"三个代表"

我希望大家记住阿里巴巴的四项基本原则和"三个代表"。

第一，四项基本原则的第一条，唯一不变的是我们的变化，我们在不断的变化中求生存，在不断的变化中求发展。如果发现公司没有变化，公司一定有压力，所以说我希望告诉你们每一个人，看看你自己的成长，成长带来变化，transformation（转换）也是变化，我们是不是有变化。我们的网站、traffic（交易额）、 revenue（收入），各方面是不是有变化，我们的服务和策略是不是有变化。不断地去适应，如果你觉得昨天赢的东西你今天还希望这样赢，很难了。一定要创新，变化中才能出创新，所以第一条基本原则，在变化中求生存。

第二，永远不要把赚钱作为公司的第一目标。赚钱，它是个 result（结果），不要把赚钱作为我们的目标，否则我们都会很累。因为我们的技术好，我们的traffic好，我们创造了各种各样的价值，越来越好。钱，它是个结果，它是个副产品。真正是帮客户创造价值，创造独特的价值，与其他所有网站不一样，与其他企业都不一样，我们做得要比别人做得好。这是第二点，不要把赚钱作为第一目标。

第三，阿里巴巴永远做代表。我们讲"三个代表"，第一必须代表客户利益，第二必须代表员工利益，第三才是代表最广大的股东利益。

第四，阿里巴巴永不追求暴利。不追求暴利，我们追求公平合理的利润和收入。公司要追求公平合理，我们每个员工对自己的收入也要公平合理。因为人好了总是还想再好，但是我觉得公平合理才能有利于长远。这是我们四项基本原则和"三个代表"，我希望大家能够高度地重视这些，这是我们公司最近定下能够看到、站得住脚的东西。

附录一

30 年来，我一直有三个坚持

2014 年 6 月 29 日，马云应邀作为清华大学经济管理学院 2014 毕业典礼演讲嘉宾，与同学们分享自己的经历与思考，提出了阿里巴巴走到今天的三个坚持：第一永远坚持理想主义，第二要坚持担当精神，第三要坚持乐观的正能量。

各位老师，各位同学，大家好！

首先恭喜大家，祝福大家，这是中国最了不起的大学之一，尽管在我心里面中国最好的大学是杭州师范大学。学校的知识总是不够用，但是社会上的知识是取之不尽的。杭师大给我的是学习的能力、获取知识的能力。我看到今天那么多阳光灿烂的笑脸，30 年后不忘初心，依旧是这样的笑脸，这才是成功。

我今天在这谈一下我的感受和体验。高考我并不算很成功，考了几年，我数学 1 分那是真的，第二年考 19 分，第三年考了 79 分，但我从来没放弃过。我给大家一个提醒，一个建议，提醒是今天你们获得的毕业证书，那只是一张纸，只证明这四年、六年或者八年，你父母为你付了很多的学费，这是一张学费的通知单而已，告诉你付了那么多学费，花了那么多时间做了很多的模拟考，但这仅仅是模拟考而已。我也给大家一个建议，如果你们毕业于清华大学，请大家用欣赏的眼光看看杭师大的同学；如果你毕业于杭师大，请用欣赏的眼光看看自己。因为这社会上永远充满变化，永远充满着各种奇迹。

人生最后不管今天多么成功，你最后死的时候才能够看看你到底赢了还是亏了，所以我觉得我们刚刚开始起步。我也相信今天毕业以后，在座很多人都很担心，各种各样的担心，担心毕业以后我是学经管的，能当老板吗？我能找到一个好老板吗？能够找到好公司吗？其实这些担心我也都有，每天都有。我刚创业的时候天天担心能不能活下来，到后来我担心这个公司会不会长大，到今天长大了我担心它会倒下，现在的担心比以前多多了。我们每时每刻处于这份担心中，担心很正常，不担心才不正常。所以我想给大家个建议，也是真实的感受。这30年来，我天天在担心，但是我只是担心自己不够努力，我担心自己没看清楚灾难，我担心自己没把握好机遇。但有一点不用担心，你们一定会遇到眼泪、冤枉、委屈、倒霉各种事件，一定会碰上，这个不用担心，你碰到这些了，就这样想：早知道它会来的。

这是一个纠结的时代，这个时代看起来充满着怀疑，充满着各种的不信任。这世界看起来缺乏各种各样的机会，但这世界看起来又有各种各样的机会，这世界看起来年轻人似乎是可以无所不能，什么事情都可以做，但看起来年轻人什么事情又都做不了。所以我觉得这是一个纠结的时代，恭喜大家来到一个很了不起的纠结时代，因为纠结是一种变革，因为我们正在进入一个变革非常快速的时代。如果没有变革就不会有阿里巴巴的今天，阿里巴巴、马云有今天就是因为前 30 年中国的变革。

我想跟大家讲我心里的感受，未来 30 年中国的变革会更大，机会更大。从我这个行业来讲，世界正从 IT 在走向 DT，这两个字的差异背后，代表思想、文化、社会方方面面都发生很大的差异。绝大部分的人今天站在 IT 的角度看待世界。什么是 IT？IT 是以我为主，方便我管理；DT 是以别人为主，强化别人，支持别人，DT 思想是只有别人成功，你才会成功。这是一个巨大的思想转变，这将产生技术的转变。我想跟大家讲，所有变革的时代都是年轻人的时代。当然，麻烦也会更多，但今天我看到那么多人以后，我在想，其中 70%、80% 要成为阿里巴巴的员工就好了，我就不用那么担心了，真的。未来 30 年我想跟随大家，你们会改变这个世界，你们会把握这个机会。纠结、变革都是年轻人的机遇，也是这个时代的机遇。

不管你怎么看，我们经常说生意越来越难做，其实生意从来就没有好做的。年轻人纠结今天 IT 行业都由阿里巴巴、腾讯、百度搞去了，我们刚出来也觉得机会给 IBM、思科、微软拿走了。但是，你要相信，30 年以后的中国企业一定比今天好，一定比今天大，30年后富人一定比今天多，30 年以后的文化一定比今天丰富多彩，30年以后的年轻人一定超越我们，这就是世界的变化。

在变革的时代，我也特别想给大家分享一下我自己的经历，前 30 年我一直坚持三样东西，我也希望大家去反思和思考这三样对你是否有用，就是三个坚持：第一永远坚持理想主义，第二要坚持担当精神，第三要坚持乐观的正能量。

我相信未来，我相信别人超过相信自己。其实在阿里巴巴，我数学不好，管理也没学过，会计也不懂，连预算报表、财务报表到今天为止，我也看不懂，这是真话，我并没有觉得这是丢人的。承认自己不懂并不丢人，不懂装懂很丢人。我到今天为止没到淘宝上购过一件物，我没用过支付宝，因为我不知道该怎么用。但我耳朵竖起来，我老是在听支付宝到底好还是不好，因为我用多了，会捍卫自己的产品，但是我不用，你永远担忧自己，担忧让我晚上睡不着觉，但只有我睡不着觉，公司才睡得着觉。我们看了《中国合伙人》，这个电影很好，但是这个电影有很大的问题，男主人公老哭，其实创业者是不哭的，是让别人哭。所以我们永远相信未来，相信年轻人，相信别人，我如果不相信别人，阿里巴巴的程序写不出来，我不相信别人，今天市场不会做得这么大。

第二，要有担当精神。支付宝在今天存在巨大的争议，其实在2004年准备做支付宝、做阿里金融的时候，我知道有一天会碰到这样的麻烦，我也纠结过。后来在达沃斯论坛上听很多的政治家、企业家在谈论，什么是担当。那就是你觉得是对的，对社会发展有利，你真相信，就勇敢地担当起来去做。我记得那次会议以后，我在达沃斯打电话给公司说，立刻、现在、马上去做，如果出问题我愿意去解决。去年年初，在阿里金融内部的会议上，我跟所有的同事讲，如果我们对中国金融改革有激活，有创新，如果基于这个有人要付出代价，我来。我相信大家如果真的带着完善这个社会的希望，激活金融，服务实业，稳妥创新，我们一定越走越好，因为社会体系总会越来越清晰。

在今天的社会缺乏理想主义，缺乏担当的时候更需要理想主义，更需要担当。不仅仅是你需要，不仅仅是社会需要，而是因为社会最缺的东西是最稀缺的资源，做那些别人不愿意做的事情、最需要的事情才有成就。有人说这个社会非常大，每天淘宝有几千万笔交易在进行，几千万人把自己的包裹送给一个完全不认识的人，交给不认识的快递员，辗转几千公里送给另外一个人，这在以前是不可想象的。但是我们今天的年轻人在以不同的方法、在以技术的方法在表达"信任"真正存在。

第三，我希望大家坚持正能量，乐观地看待问题。我是犯过无数错误的人，阿里在前15年内有100多次灭顶之灾，都挺过来了。可以这么讲，如果今天再来一遍，我们今天的人比那时候的多，我们今天的人知识和能力比那时候强，但是重新再走一遍我们一定走不出来。但是当年我们怎么走出来的？我们坚持乐观，我们相信这个世界你不成功有人会成功，我们相信阿里巴巴、淘宝能做得出来，一定有人做得出来，我们相信有人花更多的时间学习这些东西，只是看我们是否够运气。所以我后来给自己的座右铭，也是给所有年轻人、给我同事的座右铭是："今天很残酷，明天更残酷，后天很美好，但是绝大部分人死在明天晚上。"这就是残酷的生活。你光努力还不够，还有运气，运气从哪里来？运气就是在自己好的时候多想想别人，自己不好的时候多检查检查自己，我相信会走过来。

今天我看到了大家的微笑，这世界上最有力量的武器是用微笑化解所有的问题，我永远面带笑容，尽管我内伤很重。在中国这样的市场环境下诞生，阿里巴巴是一个偶然，也是一个必然，因为市场机制，因为一帮年轻人相信我，我们在市场上能够做出这样的东西来。

在座的每一个人你们都经历了无数的挑战，我跟公司同事讲，很多人说没有机会，我们从来就没赢过。我说，你赢过，在出生之前是和几亿颗精子赛跑赢出来的，来到这个世界你就成功了。来到这个世界，你们又经过无数的考试进入了清华大学，获得了今天的毕业证书，你们已经有良好的起步、良好的机会，有很好的基础。但未必有基础的人会赢，未必今天跑得快的人还是能走得很快，这世界就像足球一样，是圆的。我没有想过杭州师范大学毕业的人可以当经管学院顾问，感谢钱院长给我的信任。所以大家记住，也许今天你是最好的，但未必明天还最好；今天也许你是最差的，但社会给了你很多的机会，只要你把握，只要努力，总会有机会。

最后给大家一个建议，永远相信你的对手不在你边上，在你边上的人，都是你的榜样，哪怕这个人你特讨厌。很多年以前我说，我用望远镜都没有找到过对手，人家说你好骄傲。其实他们没有听到我的下一句：我用望远镜找的不是对手，是榜样。你的对手可能在以色列，可能在你不知道的什么地方，他比你更用功。你今天获得了清华的毕业证书，你就不学习了，你不读书了；而那个人毕业于杭师大，但他不断在学习，他不断在努力，不断在进取。所以这一点是我希望给大家讲的，战胜你自己，这才是真正的英雄。

我想人类今天共同面临的巨大挑战，就是知识和教育跟不上技术的发展，但这正是我们的机会。哪里有抱怨，哪里就有机会。中国电子商务发展得这么好，跟阿里巴巴其实没什么关系，是中国原来经济的基础设施太差，我们相信自己做的这件事情，走了十年而已。今天中国的电子商务超越了美国电子商务的总和，原因不是因为美国不努力，而是美国昨天的基础太好。美国没有互联网金融，是因为美国的金融环境实在太好，根本插不进去，中国的金融环境不太好，才给我们机会。所有昨天不好的事情都是你的机会，别人在抱怨的时候使你看到机会所在。

我花 30 年走到今天，不是 3 年。我们明白了一个道理：什么是战略？就是做未来最重要的事情，坚持理想，坚持正能量，坚持乐观，坚持脚踏实地。今天做明天就想成功，或者今年做明年就成功的事情，我们从来没想过，因为我觉得这样的机会永远轮不到我。今天你们最大的资本是年轻，因为年轻，你可以花十年时间打败阿里巴巴，打败淘宝，如果你有这个想法。也许这个时间只要五年，但如果你希望明年就打败，那你可能一辈子都打败不了。

马云卸任 CEO 演讲

　　大家晚上好！谢谢各位，谢谢大家从全国各地，我知道也有从美国、英国和印度来的同事，感谢大家来到杭州，感谢大家参加淘宝的 10 周年庆典！

　　今天是一个非常特别的日子，当然对我来讲，我期待这一天很多年了。最近一直在想，在这个会上，跟所有的同事、朋友、网商，所有的合作伙伴，我应该说些什么？大家很奇怪，就像姑娘盼着结婚，新娘子到了结婚这一天，除了会傻笑，真的不知道该干什么。

　　我们是非常幸运的人。我其实在想，10 年前的今天，是"非典"在中国最危险的时候，所有人都没有信心，大家不看好未来。阿里十几个年轻人在一起，我们相信 10 年以后的中国会更好，10 年以后电子商务会在中国受更多人的关注，很多人会用。

　　但我真没想到，10 年以后，我们变成了今天这个样子。这 10 年无数的人为此付出了巨大的代价，为了一个理想，为了一个坚持，走了 10 年。我一直在想，即使把今年阿里巴巴集团 99% 的东西拿掉，我们还是值得的，今生无悔，更何况我们今天有了那么多的朋友，那么多相信的人，那么多坚持的人。

其实我自己在想是什么东西让我们有了今天，是什么让马云有了今天。我是没有理由成功的，阿里也没有理由成功，淘宝更没有理由成功，但我们今天居然走了这么多年，依旧对未来充满理想。其实我在想是一种信任，在所有人不相信这个世界，所有人不相信未来，所有人不相信别人的时候，我们选择了相信，我们选择了信任，我们选择 10 年以后的中国会更好，我们选择相信我的同事会做得比我更好，我们相信中国的年轻人会做得比我们更好。

20 年以前也好，10 年以前也好，我从没想过，我连自己都不一定相信自己，我特别感谢我的同事信任了我，当 CEO 很难，但是当 CEO 的员工更难。我从没想过在中国，大家都认为这是一个缺乏信任的时代，你居然会从一个你都没有听见过的名字，（类似）"闻香识女人"这样人的身上，付钱给他，买一个你可能从来没见过的东西。经过上百上千公里，通过一个你不认识的人，到了你手上。今天的中国，拥有信任，拥有相信，每天 2400 万笔淘宝的交易，意味着在中国有 2400 万个信任在流转着。

在座所有的阿里人，淘宝、小微金融的人，我特别为大家骄傲，今生跟大家做同事，下辈子我们还是同事！因为是你们，让这个时代看到了希望。在座的你们就像中国所有的"80 后""90 后"那样，你们在建立一种新的信任，这种信任就让世界更开放、更透明、更懂得分享、更敢于承担责任，我为你们感到骄傲。

今天的世界，是一个变化的世界。30 年以前，我们谁都没想到今天会这样，谁都没想到中国会成为制造业大国，谁都没想到电脑会深入人心，谁都没想到互联网在中国会发展得那么好，谁都没有想到淘宝会起来，谁都没想到雅虎会有今天。这是一个变化的世界，我们谁都没想到，我们今天可以聚在这里，继续畅想未来。

我们大家都认为电脑够快，互联网还要快，我们很多人还没搞清楚什么是 PC，互联网、移动互联来了；我们在没搞清楚移动互联的时候，大数据时代又来了。变化的时代，是年轻人的时代，今天还有不少年轻人觉得像谷歌、百度、腾讯、阿里这样的公司拿掉了所有的机会。

10 年以前当我们看到无数的伟大公司，我们也曾经迷惘过，我们还有机会吗？但是 10 年坚持、执着，我们走到了今天，假如不是一个变化的时代，在座所有的年轻人，都轮不到你们。工业时代是论资排辈，永远需要有一个 rich father（富爸爸），但是今天我们没有，我们拥有的就是坚持和理想。很多人讨厌变化，但是正因为我们把握住了所有的变化，我们才看到了未来。未来 30 年，这个世界，这个中国，将会有更多的变化，这种变化对每一个人是一次机会，抓住这次机会。我们很多人埋怨昨天，30 年以前的问题，中国发展到今天，谁都没有经验，世界发展到今天，谁都没有经验，我们没有办法改变昨天，但是 30 年以后的今天，是我们今天这帮人决定的，改变自己，从点滴做起。坚持 10 年，这是每一个人的梦想。

我感谢这个变化的时代，我感谢无数人的抱怨，因为在别人抱怨的时候，才是你的机会，只有变换的时代，才是每一个人看清自己有什么、要什么、该放弃什么的时候。

参与阿里巴巴的建设 14 年，我荣幸我是一个商人，今天人类已经进入了商业社会，但是很遗憾，这个世界商人没有得到他们应该得到的尊重，这个时代已经不是商人唯利是图的时代，我想我们跟任何一个职业，任何一个艺术家、教育家、政治家一样，我们在尽自己最大的努力去完善这个社会。14年的从商，让我懂得了人生，让我懂得了什么是艰苦、什么是坚持、什么是责任、什么是别人成功了才是自己的成功。我们最期待的是员工的微笑。

从今天晚上12点以后，我将不是CEO。（掌声）从明天开始，商业就是我的票友，我为自己从商14年深感骄傲！

看到你们，看到中国的年轻人，我不希望有一天我们这些人再来一个致我们逝去的中年。这世界谁也没把握你能红5年，谁也没有可能说你会不败，你会不老，你会不糊涂。解决你不败、不老、不糊涂的唯一办法——相信年轻人！因为相信他们，就是相信未来。所以我将再也不会回到阿里巴巴做CEO。

要我回也不会回来，因为回来也没有用，你们会做得更好！

做公司到这个规模，小小的自尊，我很骄傲。但是对社会的贡献，我们这个公司才刚刚开始，所有的阿里人，我们都很兴奋、很勤奋、很努力，但我们很平凡，认真生活，快乐工作。我们今天得到的远远超过了我们的付出，这个社会在这个世纪希望这家公司走远走久，那就是去解决社会的问题，今天社会上有那么多问题，这些问题就是在座的机会。如果没有问题，就不需要在座的各位。

阿里人坚持为小企业服务，因为小企业是中国梦想最多的地方。这里，14年前，我们提出了"让天下没有难做的生意"，帮助小企业成长。今天，这个使命落到了你们身上。我还想再为小企业讲，人们说电子商务、互联网制造了不公平，但是我的理解，互联网制造了真正的公平。请问，全国各省、各市、各地区，有哪个地方为小企业、初创企业提供税收优惠，互联网给了小企业这个机会。有些企业三五年内享受了五六个亿用户，他们呼唤跟小企业共同追求平等，小企业需要的就是 500 块钱的税收优惠，请所有阿里人支持他们，他们一定会成为中国将来最大的纳税者。

感谢各位，我将会从事一些自己感兴趣的事儿，教育、环保。刚才那首歌 *Heal the world*，这世界很多事，我们做不了，这世界奥巴马就一个，但是太多的人把自己当奥巴马看。这世界每个人做好自己那份工作，做好自己感兴趣的那份工作，已经很了不起。我们一起努力，除了工作以外，完善中国的环境，让水清澈、让天空湛蓝、让粮食安全，我拜托大家！（马云单膝下跪）

我特别荣幸介绍阿里未来的团队，他们和我一起工作了很多年，他们比我更了解自己。陆兆禧工作了 13 年，在阿里巴巴内部，经历了很多岗位，经历了很多磨难，应该讲 13 年眼泪和欢笑是一样的多，接马云这个位置是非常难的，我能走到今天，是大家的信任，因为信任，所以简单！

我相信，我也恳请所有的人像支持我一样，支持新的团队、支持陆兆禧，像信任我一样信任新团队、信任陆兆禧，谢谢大家！明天开始，我将有我自己新的生活，我是幸运的，在我 48 岁我就可以离开我的工作，在座每个人，你们也会在 48 岁之前"工作是我的生活"，明天开始，生活将是我的工作，欢迎陆兆禧！

（本文为 2013 年 5 月 10 日，马云在淘宝 10 周年晚会上，正式卸下当了 14 年的阿里巴巴集团 CEO 职位并发表的演讲）

附录三

爱迪生欺骗了世界

今天是我第一次和雅虎的朋友们面对面交流。我希望把我成功的经验和大家分享，尽管我认为你们其中的绝大多数勤劳聪明的人都无法从中获益，但我坚信，一定有个别懒得去判断我讲的是否正确就效仿的人，可以获益匪浅。

让我们开启今天的话题吧！

世界上很多非常聪明并且受过高等教育的人无法成功，就是因为他们从小就受到了错误的教育，他们养成了勤劳的恶习。很多人都记得爱迪生说的那句话吧：天才就是 99% 的汗水加上 1% 的灵感，并且被这句话误导了一生。勤勤恳恳地奋斗，最终却碌碌无为。其实爱迪生是因为懒得想他成功的真正原因，所以就编了这句话来误导我们。

很多人可能认为我是在胡说八道，好，让我用 100 个例子来证实你们的错误吧！事实胜于雄辩。

世界上最富有的人，比尔·盖茨。他是个程序员，懒得读书，他就退学了。他又懒得记那些复杂的 DOS 命令，于是，他就编了个图形的界面程序，叫什么来着？我忘了，懒得记这些东西。于是，全世界的电脑都长着相同的脸，而他也成了世界首富。

世界上最值钱的品牌，可口可乐。它的老板更懒，尽管中国的茶文化历史悠久，巴西的咖啡香味浓郁，但他实在太懒了，弄点糖精加上凉水，装瓶就卖。于是全世界有人的地方，大家都在喝那种像血一样的液体。

世界上最好的足球运动员，罗纳尔多，他在场上连动都懒得动，就在对方的门前站着，等球砸到他的时候，踢一脚。这就是全世界身价最高的运动员了。有的人说，他带球的速度惊人，那是废话，别人一场跑 90 分钟，他就跑 15 秒，当然要快些了。

世界上最厉害的餐饮企业，麦当劳，它的老板也是懒得出奇，懒得学习法国大餐的精美，懒得掌握中餐的复杂技巧，弄两片破面包夹块牛肉就卖，结果全世界都能看到那个 M 的标志。必胜客的老板，懒得把馅饼的馅装进去，直接撒在发面饼上边就卖，结果大家管那叫 PIZZA，比 10 张馅饼还贵。

还有更聪明的懒人：

懒得爬楼，于是他们发明了电梯；

懒得走路，于是他们制造出汽车、火车和飞机；

懒得一个一个地杀人，于是他们发明了原子弹；

懒得每次去计算，于是他们发明了数学公式；

懒得出去听音乐会，于是他们发明了唱片、磁带和 CD；

⋯⋯⋯⋯⋯

这样的例子太多了，我都懒得再说了。

还有那句废话也要提一下，生命在于运动，你见过哪个运动员长寿了？

世界上最长寿的人还不是那些连肉都懒得吃的和尚？

如果没有这些懒人，我们现在生活在什么样的环境里，我都懒得想！

人是这样，动物也如此。世界上最长寿的动物叫乌龟，它们一辈子几乎不怎么动，就趴在那里，结果能活一千年。它们懒得走，但和勤劳好动的兔子赛跑，谁赢了？牛最勤劳，结果人们给它吃草，却还要挤它的奶。熊猫傻里吧唧的，什么也不干，抱着根竹子能啃一天，人们亲昵地称它为"国宝"。

回到我们的工作中，看看你公司里每天最早来最晚走，一天像发条一样忙个不停的人，他是不是工资最低的？那个每天游手好闲，没事就发呆的家伙，是不是工资最高，据说还有不少公司的股票呢！

我以上所举的例子，只是想说明一个问题，这个世界实际上是靠懒人来支撑的。世界如此的精彩都是拜懒人所赐。现在你应该知道你不成功的主要原因了吧！

懒不是傻懒，如果你想少干，就要想出懒的方法。要懒出风格，懒出境界。像我从小就懒，连长肉都懒得长，这就是境界。再次感谢大家！

以下是如歌在阿里的评论：

事物本身都是没有什么意义的，只有当你赋予它意义时，它才会有。当你赋予它消极的意义，它就会向消极的方向发展；当你赋予它积极的意义，它就会向积极的方向发展。

懒的确并不像人们说得这么丑陋，我们常常发现正是因为人们想懒，往往成了促进科技进步的动力，也是人们寻找好的方法的源泉。比如今天的汽车成了我们代步的工具，今天的互联网让人们足不出户却达到了能了解天下资讯、结交天下朋友的目的。

让大脑先动起来，而不是先让身体动起来，往往能达到有钱有闲、享受懒福的结果。这其实是马云想说的话吧。如果马云不是大胆而聪明且及时地把握住互联网当时的先机，当然也不会有今天的成就以及他今天的生活了。

用一个简单的思维定式来概括：

想达到后半生有钱有闲的生活（想要的结果）—找出路（选择）—开始行动（努力）—过上有钱有闲的生活（达到想要的结果）。

一句话：想法决定做法，做法决定结果。今天的想法将决定我们三年后的活法，选择一定是大过努力的。

分享一个小画面：

一只苍蝇撞进了房间，它想出去，可是它总是不停地向玻璃窗户飞，一次次地被撞回来，我们打开门想让它从门这边出去，可是它好像看不到一样，还是不停地向玻璃窗户撞去，结果是怎样的呢？再努力它也逃脱不了最后的命运，一次次地被撞落在地上。

事实上这是很多人的人生写照，不停地努力，却得到一个不一样的结果。身边很多门是向他打开着的，可是他只认为他的出路就是一个。

努力之前请选择好出口。

与朋友们共勉！

认真做事，大度做人

我本着畅所欲言的原则和大家一起探讨近来的一些问题。我觉得我们阿里人在很多事上真的应该认真地反思一下了。

每个阿里人都应该记得：阿里还很年轻，阿里在高速发展，阿里有很多的问题需要大家一起去解决，阿里需要的不是抱怨，阿里需要的是理解、支持、建议和帮助！阿里更需要的是每一个人的点滴努力去完善我们的大家庭！

如果很多事都需要公司去办理的话（比如这件事），我们公司将会成为机构最臃肿的公司！小卖部不是公司的生意，它只是公司为了方便大家而做的，肯定不完善，但你的理解最重要！

也许是大家的工作压力，我发现近来有些同事的脾气大了很多。对我们的清洁阿姨，对我们的行政部门，对我们的保安，对我们养花送水送饭的，很多很多也许你不认识但兢兢业业地在为阿里的成长做点点滴滴的人们，我们和他们说过感谢的话了吗？当他们做得好的时候，我们用阿里的笑脸 LOGO 对他们为你我所做的事感谢过吗？当我们在举手之劳就可以帮助别人的时候，我们做了啥吗？

每个人做事都很难！真的！

但我们每个人都应学会认真地做事！大度地做人！

我想我们是否可以把批评抱怨的口气能改成幽默的建议，甚至是自己真诚的行动！

多少年来，我看到无数中国公司里充斥着抱怨、矛盾、斗争……第一天起，我就有个梦想：把阿里的团队变成不是抱怨而是行动，不是悲观而是乐观，充满关心理解尊重的团队！

所以我们提出了价值观！我们坚信做事先做人的原则！

我们取消了给员工安排宿舍，让大家自己去找，自己去学会生存，学会理解生活的艰难……我们大家一起学会创业，一起解决我们的问题，一起创造公司每一个进步和每一个进步给我们带来的快乐和成果！

我理解我们年轻人多，脾气容易大，很多时候情绪难以自控，但我们必须学会尊重和理解别人！很多时候我发现我们缺的不是钙，而是爱！

阿里人，我们有个伟大的目标和使命！我们只有改变自己才能改变我们的未来！

我们必须在别人改变之前先改变自己！

我们团队精神的真正含义是我们一起去学习去成长！我们尊重理解支持爱护我们的队友！我们做好自己工作的同时尽自己最大的努力去帮助我们的队友！

我们一起创建的是团队的文化而不是抱怨的文化！

（当然我们阿里的畅所欲言倡导的是积极正面的思想交流的论

坛。)

各位阿里人，我们的路很长！我们一起犯错误，一起渡过难关，我们一起庆祝阿里一个又一个的 5 年、10 年的生日！

阿里人今后要面对的困难会更大，挑战会更残酷……

我们从今天起就要学会欣赏帮助和支持我们身边的人！因为总有一天我们会一起面对世界上最大的挑战的！

很快人事部将和一家第三方的公司一起做一个阿里人的文化和发展的调查研究！我们未来几年第二项目标就是要把公司发展成为员工最满意的公司！希望所有的阿里人一起积极认真地参与！对昨天和今天的认真总结就是对阿里明天最认真的贡献！

谢谢大家！

我刚从美国出差回到香港，凌晨时差没有倒好，睡不着。在香港酒店写的随笔，也许很多地方说得不对，呵呵。也许表达不太好，也许脾气也很大，哈哈哈！但全是心里话，希望大家理解！

（本文为马云 2005 年在阿里巴巴内网上的主帖）

附录五

电子商务未来趋势与战略

未来几年，我们会专注电子商务的几个重要的趋势。

第一，小就是美，Small is beautiful。

这次大会，我们看到小就是美。几年前我去了一趟日本，一个很小的店，门口挂了一个牌说本店成立 147 年。我就很好奇，跑进去一看，是一个卖糕点的小店。老太太说："我们这店开了 147 年了，就是两夫妻、一个孩子，日本天皇也买过我们的糕点。"她洋溢着特别幸福的笑容，让我相信做得好比做得大更为幸福。中国文化里面讲，宁为鸡头，不为牛后。中国的文化、东方的文化，做小企业更有味道，未来的企业，小就是美，小和好更关键，更加灵活。

所以为了小而美，我们阿里在公司内部做了决定，我们将全面推出"双百万"战略。

何为"双百万"战略？我们将全力培养 100 万家年营业额过 100 万元的网店。有人说我想做 10 个亿，很好，我们支持你，为你鼓掌。

但是我们的重头戏是帮助 100 万家网店，因为我们相信一个年营业额 100 万元的小店，有可能会请上两到三个人，这样我们就又能多解决三四个人的就业机会。

但是我们觉得企业做超级大，是变态，是不正常，做一般大是一个正常体系，就像人长得比姚明还高，本来就不正常，长得像我这样的身材，也偏低一点，一般一米七几正常。所以中国的企业，这种规模下是最有味道、最好的，只要你持久，小企业因为你幸福，因为你好这口，你就会不断创新。

第二，将大力促进我们原先在消费流通领域的发展。

我们将会从消费流通领域进入生产制造，然后再进入第三步生活方式的改变；我们将从 B2C 全面挺进 C2B，必须进行柔性化定制，真正为消费者解决问题，真正的个性化制造。这将会在未来 3 到 5 年逐步实现，不管我们做与不做，这是社会的必然趋势。

第三，我们必须建立起消费者和制造业之间的和谐关系。

我特别反对价格战，价格战不仅伤害了商家，也伤害了消费者。所以不赚钱的企业，在未来是很难生存的，我们希望大家在保护好消费者权益的情况下，能够真正做到商家有钱赚。商家没钱赚，他是不可能持续发展的，我们今后要拼的是信用，是特色，是服务，而再也不能拼的是价格，拼价格是上世纪的玩法，我们不能再用这个办法去玩。

根据这些趋势，阿里巴巴集团将会分成三块主要的业务。

第一块业务是平台战略，我们内部称为 7 家公司。

阿里巴巴的国外、阿里巴巴的国内、一淘、淘宝、天猫、聚划算、云计算，我们称为内部的七剑，建立平台经济，为所有的小企业建立一个机会的平台。

　　我们将自己转型，明年 1 月 1 日开始，整个阿里集团将自己转型。我们将由自己直接面对消费者变成支持网商面对消费者，我们很难直接面对几亿消费者。因为我们相信在座的网商，你们不亚于我们：你们对消费者、对客户的热爱绝不亚于我们；你们对于客户的了解超越了我们。我们不应该制定很多的政策，相反我们应该给你们工具，帮助你们成长，让你们更懂得用最好的工具、服务去服务好消费者。这是我们明年开始进行的巨大改革。

　　这个改革也会招来很多的痛苦，但是我相信没有一个网商不希望拥有自己的客户，没有一个网商不希望知道客户对自己产品的体验到底是好还是坏，如何持久地拥有这些客户，我们觉得一个国家的经济，应该让给企业家群体去做。

　　我们觉得淘宝网商未来的经济，是应该留给在座的网商们去决定，而不是我们去做决定，所以拜托大家，我们一起努力。

　　如何让那些诚信的网商富起来？我们第二个阶段，就是金融。

　　邓小平说让一部分人先富起来，我们希望是让诚信的网商富起来，阿里巴巴真是希望让信用等于财富。几年前，也是在网商大会上，我们说我们呼吁银行全力支持中小企业，但是银行有自己的难处。谁没有难处，所有人都有自己的难处，它们的模式很难让它们真正地去服务好网商、服务好中小企业。所以阿里准备在这里全面挺进，不是因为我们想挣更多的钱，而是我们觉得在这个时代，我们需要用互联网的思想和互联网的技术去支撑整个社会未来金融体系的重建。

　　在这个金融体系里面，我们不需要抵押，但我们需要信用；我们不需要关系，但我们需要信用；我们不需要你挣多少钱，但我们需要你踏踏实实地为客户服务。两年的试验告诉我们，我们近几百名员工，完成了给 15 万家企业贷款，平均每家企业贷到的款是 4.7 万元人民币。这只是刚刚开始，我们将会用最好的技术评价信用，为在座的以及无数网商群体服务，因为你们是中国的希望和未来，对未来的希望，我们能做的只有努力和帮助。当然帮助大家也是帮助我们，我们不希望亏本，我们也不会亏本，不赚钱是不道德的。

阿里巴巴组织部会议上，我们讲得很清楚，我们赚钱是为了做更多更好的事情，今天我们都跨过了用赚钱来证明自己的时代，在座每个人，你们还在这个时代。我理解，赚钱没有错，没有羞耻感，经营企业不赚钱，那应该有羞耻感，你应该去做公益比较好，当然做公益也要有商业的手法，我一直坚信公益的心态、商业的手法，赚了钱，你必须要有公益的心态，只有这样配合，你才能走得久、走得长。

所以我们第二个阶段，就是金融。

第三个阶段，数据。

我在公司内部为阿里巴巴 10 年以后的梦想感到兴奋，感到骄傲。我们中国人把做生意称之为下海，"下海"其实不容易。几十年以前，很多渔村的人拿了一艘破船就下海，根本不知道会不会有暴雨，根本不知道哪儿有鱼群，所以我们看到沿海有很多寡妇村。很多人下海，同样十个下海 九个死，如何能够更好地帮助下海的人、创业的人，我们觉得数据将改变，我们希望大量的数据为国家做出一个经济气象预报台。

一次汶川地震死了 8 万多人，举国为此悲痛；一次金融危机，

　　一次金融地震，上千万的家庭受到影响，我们只为此惋惜。自然地震很难预测，预测了也未必告诉你，经济地震是可以预测的。大量的数据可以告诉我们，世界经济在发生什么，中国经济在发生什么，假设我们也有一个气象预报台，给国家宏观、给当地政府宏观、给主要机构宏观以指导，我相信会给很多出海的人带来生机。假如我们为每个小企业装上一个 GPS，为每艘船装上一个雷达，我相信在出海的时候，人们会更有把握，死亡率会大大降低。数据将会影响世界。

　　我们不是想占有这些数据，假如不是用来分享，数据就是一堆数字，一点意义都没有。在座的为了我们自己，也为了我们下一代的商人，我们必须去思考这些问题，并且从今天开始去努力。不要害怕你失去什么，要害怕的是你给别人的东西是假的，或者没有给别人东西。所以这是我们未来要发展的三个阶段，平台、金融和数据。

（本文节选自马云在 2012 年网商大会上的讲话）

附录六

马云精彩创业语录

◆我永远相信只要永不放弃，我们还是有机会的。最后，我们还是坚信一点，这世界上只要有梦想，只要不断努力，只要不断学习，不管你长得如何，不管是这样，还是那样，男人的长相往往和他的才华成反比。

◆创业者是有团队的，黑暗之中一个人走是可怕的，但那么多人手拉着手走的时候是快乐的，那是勇往直前。

◆绝大部分创业者从微观推向宏观，通过发现一部分人的需求，然后向一群人推起来。

◆诚信不是一种销售，不是一种高深空洞的理念，是实实在在的言出必行、点点滴滴的细节，诚信不能拿来销售，不能拿来做概念！

◆我为什么能活下来？第一是由于我没有钱，第二是我对Internet一点不懂，第三是我想的像傻瓜一样。

◆要找风险投资的时候，必须跟风险投资共担风险，你拿到的可能性会更大。

◆互联网上失败一定是自己造成的，要不就是脑子发热，要不就是脑子不热，太冷了。

◆我觉得网络公司一定会犯错误，而且必须犯错误，网络公司最大的错误就是停在原地不动，最大的错误就是不犯错误。关键在于总结反思我们各种各样的错误，为明天跑得更好，错误还得犯，关键是不要犯同样的错误。

◆互联网是影响人类未来生活30年的3000米长跑，你必须跑得像兔子一样快，又要像乌龟一样耐跑。

◆企业家处在现在的环境，要改善这个环境，光投诉、光抱怨有什么用呢？国家现在要处理的事情太多了，失败只能怪你自己，要么大家都失败，现在有人成功了，而你失败了，就只能怪自己。就是一句话，哪怕你运气不好，也是你不对。

◆在前100米的冲刺中，谁都不是对手，是因为跑的是3000米的长跑，你跑着跑着，跑了四五百米后才能拉开距离的。

◆我研究过李阳的疯狂英语，要是我加入进来，风头会盖过他，我的秘笈是真能教人脱口讲外语。

附录七

马云精彩管理语录

◆那些职业经理人管理水平确实很高，就如同飞机引擎一样，但是如此高性能的引擎就适合拖拉机吗？

◆你的团队离开你的时候，你要想到一点，我们需要雷锋，但不能让雷锋穿补丁的衣服上街去，与他们沟通跟你分享成功是很重要的！

◆一个领导者首先是做正确的事，其次才是正确地做事，这个顺序不能颠倒。一个人要想办法让自己快乐，让团队快乐。每个组织成员都要有清晰的角色定位，所有人都认为你有问题，你就一定有问题。

◆战略中最重要的部分是组织目标，没有清晰明确目标的团队就是一群无头苍蝇。战略是什么，战略就是重点突破！

◆先做人，再做事；小成靠智，大成靠德。如果你人做不好，做的事就不是人事。

◆愚蠢的人用嘴讲话，聪明的人用脑子讲话，智慧的人用心讲话或者说用行动讲话。能反映一个人本质的是那些小动作，小动作太多就会让人不信任。

◆关于挖掘内部人才的问题我是这么看的：在你公司内部一定有人超过你，永远要想办法找到在公司内部能够超过你自己的人，这就是你发现人才的办法。

◆我可以告诉他，阿里巴巴现有服务是免费的，将来也永远不会收费。将来我们推出新的服务，我们会收费，你觉得不好，就别付费，就这么简单。我们有一个原则，免费不等于劣质。我们的服务要做到比收费的网站还要好。

◆营销最佳的概念是你自己，很多话在报纸上、电视上都能看到的就不是广告了，要有个性，个性不是喊口号，不是成功学，而是别人失败的经验！

◆我们坚信一点，新经济也好，旧经济也好，有一样东西永远不会改变，就是为客户提供实实在在的服务。如果没有有价值的服务，网站是不可能持续发展的。

◆能打动用户的，只有你自己最真实的东西。套话谁都在说，你说得不烦人家听得都烦了，营销需要的是一个人，一个聪明的人，而不是一台三四十块钱的复读机。

◆我们设计80年是拍脑袋说出来的，因为所有人都讲百年老店，我觉得说太多没有意义，就像一个人从出生到成长到灭亡是一个过程，一个伟大企业当然时间很重要，但是多少时间并不是很重要的，能够为社会或者为你的企业、为你的客户做一些伟大的事情或者一些平凡的事情，这才是真正的好企业。

◆的确，免费是个很诱人的东西，最显著的例子却不是马云也不是阿里巴巴，而是马化腾和他的 QQ。从 1998 年开始，QQ 就开始提供免费的即时聊天账号和软件下载，并且在功能上不断完善自己，直到有一天，那个胖企鹅说自己要收费了，我们才恍然大悟——你已经离不开它，你身边的所有人都在用 QQ，无一例外。

◆什么叫没钱？不是说你饭都吃不饱了，如果真是那样，你还不如去救济站领取城市最低生活保障来得实在。如果你做网站就是为了赚融资，准备"花美国股民的钱"，那就也要假设一个融不到资的情况，毕竟你身边的部下你的兄弟都看着你，以你的马首是瞻，你自己爬不好摔死了是你活该，但是砸死一堆兄弟就是你不对了。不要眼高手低，踏实做事的人才有收获。

◆品质不仅仅是团队，它还是文化，是制度，是一整套东西。

后记
HOUJI

马云是罕见的理想主义者。而真正的理想主义者，都是对自己的要求远远高于别人和世界对自己的要求，并痴心不改、无怨无悔地为这些要求历尽苦难的人。马云以此为荣，他发自内心认为"苦难只是一种化了妆的祝福"。

为了让大家看到一个全面、真实的马云，在本书的写作过程中，笔者收集了关于马云经历的大量资料，包括以前出版过的相关图书。本书在写作的过程中，很多资料的收集也得益于这些书籍中的宝贵材料，提供了很多之前本人不太了解的东西，特在此表示感谢！同时由于本书中一些引用没能及时联系原作者，虽然在文中进行了标注，但是如有建议和意见的作者希望能够及时与我们联系，我们将诚恳地接受宝贵意见。

同时本书用生动活泼的语言演绎了很多人物之间的对话，将事件的原貌生动地展现在读者面前，这也是本书区别于其他马云相关图书的一大特点。

在本书写作过程中，笔者查阅、参考了大量关于马云的众多文献资料，部分精彩文章未能正确注明来源，希望相关版权拥有者见到本声明后及时与我们联系，我们都将按相关规定支付稿酬。在此，深深表示歉意与感谢。

由于本书字数多，工作量巨大，在写作过程中的资料搜集、查阅、检索得到了我的同事、助理、朋友等人的帮助，在此对他们表示感谢，他们是谢宗杯、袁祥义、沈超、陈海雄、杨永成、汤双荣、王东英、陈明武等，感谢他们的无私付出与精益求精的精神。